U0335669

"找矿突破战略行动队伍保障研究"项目系列成果
中国地质调查"找矿突破战略行动队伍保障研究
(项目编号1212011220296)"项目资助

地调工作的创新发展与地质文化

——地球科学与文化研讨会文集(2015)

中国地质图书馆 编

地质出版社

·北 京·

内 容 提 要

本文集是中国地质调查局地学文献中心（中国地质图书馆）承担的"找矿突破战略行动队伍保障研究"项目成果之一，收录了 2015 年地球科学与文化研讨会论文共 23 篇，包括新时期地质文化的传承与发展和深化改革中地勘单位干部职工思想建设等方面的研究内容。

本书可供研究地质科学史、地球科学文化的专家及其他行业的文化工作者阅读参考。

图书在版编目（CIP）数据

地调工作的创新发展与地质文化：地球科学与文化研讨会文集：2015／中国地质图书馆编. —北京：地质出版社，2015. 12

ISBN 978－7－116－09550－2

Ⅰ.①地…　Ⅱ.①中…　Ⅲ.①地球科学－文集　Ⅳ.①P－53

中国版本图书馆 CIP 数据核字（2015）第 298410 号

Didiao Gongzuo de Chuangxin Fazhan yu Dizhi Wenhua

责任编辑：田　野　马洁瑶
责任校对：张　冬
出版发行：地质出版社
社址邮编：北京海淀区学院路 31 号，100083
电　　话：(010)66554528(邮购部)；(010)66554631(编辑室)
网　　址：http：//www. gph. com. cn
传　　真：(010)66554686
印　　刷：北京地大天成印务有限公司
开　　本：787mm×1092mm 1/16
印　　张：7.75
字　　数：188 千字
版　　次：2015 年 12 月北京第 1 版
印　　次：2015 年 12 月北京第 1 次印刷
定　　价：36.00 元
书　　号：ISBN 978－7－116－09550－2

（如对本书有建议或意见，敬请致电本社；如本书有印装问题，本社负责调换）

地调工作的创新发展与地质文化
——地球科学与文化研讨会文集（2015）

编 委 会

主　　任　余浩科　刘延明

副 主 任　单昌昊　薛山顺

编　　委　（按姓氏笔画排列）

　　　　　王　昭　史　静　李　帮　梁　忠　楼红英

主　　编　单昌昊

副 主 编　梁　忠　史　静

编　　辑　堵海燕　徐红燕　崔熙琳　焦　奇　安丽芝

　　　　　胡　勇　刘　澜　章　茵　王　鑫　徐梦华

　　　　　李玉馨

编 辑 说 明

　　为全面贯彻落实全国地质调查工作会议精神，深刻认识经济发展新常态下地质调查工作面临的新形势、新任务，推动地质调查工作创新发展，增强队伍凝聚力和战斗力，"地调工作的创新发展与地质文化——2015年地球科学与文化研讨会"，于2015年7月30日在北京召开，国土资源部相关司局、中国地质调查局相关部门、部分省地勘局及地调院、高校院所等单位的领导、专家和代表共30余人出席大会。此次会议由中国地质调查局地学文献中心（中国地质图书馆）举办。会议围绕"地调工作的创新发展与地质文化"这一主题进行了深入交流和探讨。在经济发展新常态下地质调查工作面临新形势、新任务的重要时期，必须加强思想文化建设，培育和践行社会主义核心价值观，传承和弘扬"三光荣""四特别"精神，发挥地质文化力量，推动地调工作的创新发展。

　　会议共收到30篇论文，经研究筛选其中23篇入选《地调工作的创新发展与地质文化——地球科学与文化研讨会论文集（2015）》。论文分析了"三光荣"精神和地质文化的新内涵及新特点，阐明了传承和发展"三光荣"精神的现实意义，对地质文化中一系列新的价值理念进行了深入探究。探讨了新常态下地质调查单位思想政治工作和地质调查队伍思想动态等方面的内容，论文阐述了思想政治工作对于地勘队伍建设的重要作用，提出了改进和加强思想政治工作的有效措施，对于推进地质找矿队伍建设具有借鉴和参考价值。

　　本文集的编辑和出版，凝聚了许多同志的辛勤劳动。史静、梁忠、堵海燕、徐红燕、崔熙琳、焦奇、安丽芝、胡勇、刘澜、章茵、王鑫、徐梦华、李玉馨等同志参加了论文的初审；史静、梁忠、堵海燕同志负责论文的编辑工作；刘延明、单昌昊、薛山顺负责文集的审定工作。因篇幅所限，有些文章未能选登，有些文章在不影响原意的基础上，进行了删节，敬请作者谅解。

本文集的编辑出版，得到了中国地质调查局领导的关心与支持，得到了全国地质行业兄弟单位的大力协助，得到了论文投稿者的积极参与，在此表示衷心感谢！

中国地质调查局地学文献中心（中国地质图书馆）
2015 年 10 月

目　　录

"四个全面"与地球科学文化建设

毕孔彰

（国土资源部咨询研究中心　北京　100035）

摘　要　本文以"四个全面"为指导，提出夯实地球科学文化的基础，为实现"两个百年"奋斗目标而不懈努力；努力深化改革，激发地球科学文化创造活力；坚持法治思维，为地球科学文化发展提供支撑；从严治党，为地球科学文化发展提供保障。

关键词　四个全面　地球科学文化　生态文明建设

全面建成小康社会、全面深化改革、全面依法治国、全面从严治党，是党的十八大以来习近平为总书记的党中央，从坚持和发展中国特色社会主义全局出发，总结改革开放以来的伟大实践，提出并形成的治国理念和战略布局。

"四个全面"整体上是一个大系统，是相互联系相互促进的，是全局和重点的有机统一。

"四个全面"从实质上看，是马克思主义与中国实际相结合的新飞跃，是马克思主义中国化的最新成果，是治国理政方略与时俱进的新创造。

面对党的十八大提出的，着眼于实现中华民族伟大复兴的建设社会主义文化强国的重大战略任务，我们要自觉地以"四个全面"重大战略思想为引领，高扬文化理想，加快推进文化强国建设。

地球科学文化是社会主义文化中的一个重要组成部分，因此，加强地球科学文化建设在文化强国建设中同样具有重要意义。

1　夯实地球科学文化的基础，为实现"两个百年"奋斗目标而不懈努力

1.1　坚持马克思主义的科学思维、系统思维、辩证思维观点，努力提高地球科学研究水平

地学思维是"由地学知识结构、地学价值结构和地学决策结构所构成，是思想导向、观念导向、立法导向的统一"。地学思维的过程中"更多地注重地质事实、更多地运用假说、更多地需要辩证思维，这是一个三维形式"。

地学工作者是地学思维的主体。地学工作者对地球科学的思维，就是主体对地球客体的反映过程。这一过程，表现为强烈的整体性、开放性、综合性、动态性和复杂性的特

点。这一过程的思维方式，集中地表现在地学工作者对地球科学整体性的把握，即对地球系统思维的形成上，这也正是逐渐形成并发展成为了地球系统科学的思想，必将大大提高地球科学的研究水平。

1.2 坚持为国服务，为地质找矿服务，努力提高地质调查研究程度和水平

坚持为国服务，为地质找矿服务，是广大地学工作者的家国情怀，历来如此。作为地质工作者，最根本的是为国服务。研究地质问题，认识、解释、解决与地质有关的问题，不单是一个地质工作者毕其一生的理想，也是人类的不懈追求。

为实现中华民族伟大复兴的中国梦，地质工作者有广阔的发展应用空间，为国服务，为地质找矿服务，努力提高地球科学研究的深度和水平，全赖于地质调查研究的广度、深度和水平。因此，提高地质调查研究的程度和水平就成为广大地质工作者的永恒课题。

1.3 坚持科学发展、"绿色化"、发展绿色经济，努力提高生态文明建设和绿色化水平

科学发展是马克思主义发展观，是我们必须长期坚持的发展理念，要以科学发展的理念加快推进生态文明建设，加快推进社会主义现代化，全面建成小康社会。

2015年3月24日，中央政治局会议上首次提出"绿色化"。4月25日，中共中央国务院《关于加快推进生态文明建设的意见》（以下简称"意见"）明确提出，要"协同推进我国工业化、信息化、城镇化、农业现代化与绿色化"。在当前我国发展的重要历史阶段，将"四化"战略提升为"五化"战略，意义非凡。"绿色化"是国家战略，体现着中国发展的整体理念。习近平指出，绿色发展既是理念又是举措。在绿色发展的理念下，新型工业化、信息化、城镇化、农业现代化的各领域都要"绿"字当头，这凸显了绿色发展的"三个新特征，即发展绿色经济的战略性、紧迫性和实践性"。

国务院《关于积极推进"互联网＋"行动的指导意见》（国发〔2015〕40号）中明确提出了11个具体行动，其中"互联网＋"绿色生态指出，要推动互联网与生态文明建设深度融合，加强资源环境动态监测，实现生态环境数据互联互通和开放共享，我们要为此而努力。

绿色发展的目标，就是使蓝天常在、青山常在、绿水常在，加快建设美丽中国，实现中华民族的永续发展。

"意见"指出，坚持把绿色发展、循环发展、低碳发展作为基本途径；坚持把深化改革和创新驱动作为基本动力；坚持把培育生态文化作为重要支撑；坚持把重点突破和整体推进作为工作方式。这"四个坚持"就是绿色发展的基本原则。

优化国土空间开发格局、全面促进资源节约利用，加大自然生态系统和环境保护力度，是我们的重要历史任务。

"绿色化"将升级我国经济的硬实力。

2 努力深化改革，激发地球科学文化创造活力

2015年7月中旬，在全国文化厅局长会议上，文化部部长雒树刚指出，"十三五"文

化改革发展主要任务有 6 个方面：一是以社会主义核心价值观为引领，创作生产更好更多的优秀文艺作品。二是以基本公共文化服务标准化均等化为抓手，加快构建现代公共文化服务体系。三是以文化产业转型升级为突破口，推动文化产业成为国民经济支柱性产业。四是以培育市场、激发市场活力，加强市场监管为重点，建立健全现代文化市场体系。五是以有效保护为前提，全面加强文化遗产工作，着力推动中华优秀传统文化创造性转化和创新性发展。六是以提高文化开放水平为着力点，推动中华文化走向世界。

面对新时期、新任务，地球科学文化建设在深化改革方面，至少应该考虑以下几个问题：

（1）要勇于改革，破除体制机制弊端，营造有利于地球科学文化发展的环境

中央关于全面深化改革的决定发布之后，2013 年年底，中国地质学会 21 世纪中国地质研究分会举行了一次"中国地质工作体制改革"研讨会，这是在后地质矿产部时期，在大部制的情况下，试图厘清现代地质调查、勘查、科研等体制机制问题，以"打破利益固化的藩篱"，谋划中国地质工作的全局，建设真正的地质强国。当然，这一美好的愿望，是要付出艰辛的努力的。

今天，我们要想探讨中国地质工作的体制改革与发展问题，最根本的，还是要重新认识地质工作的规律问题。地质是科学，地质（地学）思维具有强烈的整体性、综合性、动态性、开放性和复杂性，地质工作要遵循地质科学的规律。地质工作的自然规律是循序渐进，地质工作的认识规律是"阶梯式发展"，地质工作的管理规律是"划分阶段"，地质工作成果的规律是"知识产品"或"知识产品"向"物质产品"的转移，地质工作的经济规律是"公益性地质工作"并逐步向"商业性地质工作"的转移。

总之，只有在充分认识地质工作规律的基础上，才能进一步探讨其改革与发展的问题，建立一个科学统一高效的地质工作新体制，以破除体制机制的弊端，营造有利于地球科学文化发展的环境。

中国地质调查局特别是中国地质图书馆，已连续举办了 4 届"地球科学与文化研讨会"，凝聚了一批地质领域各专业且有志于地球科学文化建设的人才，出版了一系列专著，在目标、思路、规划、举措等诸多方面对地球科学文化建设做出了贡献。

（2）要产学研协同创新，为实现地球科学和地质找矿的重大突破搭建平台

在 2014 年 6 月 9 日的院士大会上，习近平指出，科技创新，就像撬动地球的杠杆，总能创造令人意想不到的奇迹。要着力加强科技创新、统筹协调、努力克服各领域、各部门、各方面科技创新活动中存在的分散封闭、交叉重复等碎片化现象，加快建立健全各主体、各方面、各环节有机互动、协同高效的创新体系。

协同创新，就是紧紧围绕创新目标，多元主体互相协同互动，各方面各环节等多种因素有机互动、配合协作的创新行为。协同创新的目标就是"国家急需、世界一流"。解决国家急需的战略性问题，科技领域的尖端前瞻性问题，涉及国计民生的重大公益性问题。协同创新强调的是要打破"各领域、各部门、各方面科技创新活动中存在的分散封闭、交叉重复等碎片化现象"。科技创新依靠的就是人才、学科、科研三位一体的创新能力的提升。

我们真诚期盼，领导主管部门，瞄准地球科学和地质找矿中的重大战略性问题，地质科技领域的尖端前瞻性问题，构建产学研协同创新的平台，为实现国家战略目标做出新

贡献。

（3）"大众创业，万众创新"，激发广大地球科学工作者的创造活力

创新的活力蕴藏于广大人民群众之中，"大众创业、万众创新"的号召，必将激发广大人民群众的创新活力。地球科学工作者，是地学领域科技创新的主力军。

要以多种形式鼓励广大地学工作者的创新思维与创新活动。要营造广大地学工作者勇于投入创新活动的氛围。要以多种形式与政策给广大地学工作者的创新活动以支撑。要给广大地学工作者开展创新活动搭建平台。

（4）要创造性地提升地球科学文化的传播能力

地球科学文化是一种反映广大地球科学工作者对地球科学研究实践生成活动的现象，必须要有自觉而清晰的对地球科学文化的表述，客观地反映出地球科学工作者的现实生活，准确地传播地球科学文化。

要提升地球科学文化的传播力，就必须立足于地球科学工作者的生活和历史传统；必须跟上社会发展和文明进步的步伐；必须对接国家发展战略，表达中华民族的伟大复兴，并且将我们的地球科学文化向世界传播。

3 坚持法治思维，为地球科学文化发展提供支撑

3.1 坚持法治思维，充分认识地球科学文化的科学性、系统性、严格性、民本性、战略性、务实性

只有充分认识了地球科学文化的这些特点，我们才能理解具有这些特点的地球科学文化的发展是遵循一定的规律的，它的发展与壮大一定是沿着一个"轨道"聚焦的。这个"轨道"就是法治思维。

3.2 坚持法治思维，保障地球科学文化健康发展

作为一种文化，它必须要弘扬中华传统文化，体现社会主义核心价值观。也必然要从道德和法治的层面上予以约束和规范。这是地球科学文化健康发展的保障。

3.3 加强地球科学文化法治建设

2015 年 5 月 19 日召开了全国文化法治工作会议，文化部部长雒树刚提出，"要在 5 年内改变文化法治滞后局面"。我们要根据这次会议的精神，养成并坚持法治思维，探索针对地球科学文化发展的法制建设，想方设法为地球科学文化服务提供保障，发展地球科学文化产业，促进地球科学文化交流，加强地球科学文化队伍建设，形成系统完备的地球科学文化法制体系，为繁荣地球科学文化建设提供法治支撑。

4 从严治党，为地球科学文化发展提供保障

4.1 加强对地球科学文化建设与发展的引领

文化的核心是价值，要在国家层面的总体指引下，体现地球科学文化的特色。要研究

地球科学文化建设与发展中的问题，遵循不同时期的国家发展战略，不断引领地球科学文化建设与发展。

4.2 倡导开放思维，坚持"双百"方针

这是繁荣地球科学文化的指导方针，倡导开放思维，坚持"双百"方针，体现了科学民主精神，这是繁荣地球科学文化的必然要求。

4.3 坚持弘扬"三光荣"精神

要以"三光荣"精神要求自己，严以修身，建立更好的政治生态。"三光荣"是中华优秀传统文化的载体。"三光荣"精神是地质工作者的根基和命脉。

参 考 文 献

曲青山.2015.从哲学高度认识和把握"四个全面"[N].光明日报，2015－4－1
毕京京.2015."四个全面"：实现中华民族伟大复兴的大方略[N].光明日报，2015－5－25（1）
燕平.2015.以"四个全面"为指导，加快文化强国建设[N].光明日报，2015－5－9
王恒礼，王桂梁.2009.地球科学哲学[M].北京：人民教育出版社
李晓西.2015."绿色化"突出了绿色发展的三个新特征[N].光明日报，2015－5－20

论地质教育与地质文化传承

杜 向 民

（长安大学 西安 710064）

摘 要 从高等地质教育所面临的问题入手，分析了全面深化改革、经济社会发展及教学资源整合等问题给高等地质教育和人才培养所带来的挑战。对目前高等地质教育存在的人才培养总量增长与行业需求难以满足、教学课程设置与地质人才素质要求以及学习动力不足与就业压力偏高的矛盾进行了详细的分析。因此，加强地质教育发展，推动地质文化传承创新，提高人才培养质量，对保障经济社会持续健康发展具有重要作用。随着地质教育规模的扩大，人才培养结构的完善和培养层次的提高，地质文化对地质教育产生了深远的影响，主要表现在地质教育目标的确立、教育内容的选择和教学方法的使用。并对依托地质教育推进地质文化传承的路径进行了详细的阐述。

关键词 地质教育 地质文化 传承 路径

我国百年的地质教育为国土资源行业输送了大量的优秀人才，提供了源源不断的智力资本，为我国地质事业的发展和行业文化的传承做出了突出贡献。在全面建成小康社会、实现中华民族伟大复兴"中国梦"的伟大征程中，社会主义建设"五位一体"战略部署和生态文明建设时代要求，推进新型工业化、城镇化、信息化与农业现代化，给新时期地质工作发展提供了广阔的舞台，给高等地质事业发展提供了良好的机遇，给地质文化传承创新提出了新的要求。

1 高等地质教育面临的挑战与问题

目前高等地质教育主要面临两个重要问题：一是高校大规模扩招后，高等教育由过去的"精英教育"向"大众化教育"转变，提高人才培养质量成为社会普遍关注的问题；二是经济社会发展对矿产资源、能源以及地质服务产生强劲的需求，地质人才的数量和质量能否满足经济社会的需要成为地质教育所高度关注的重要问题。

1.1 高等地质教育面临的挑战

1.1.1 全面深化改革给高等地质教育提出了新的要求

党的十八届三中全会提出，要"深化教育综合改革，创新高校人才培养机制，促进高校办出特色争创一流"。高等教育面临着全面贯彻落实党的教育方针，坚持立德树人，加强社会主义核心价值体系教育，完善中华优秀传统文化教育，增强学生社会责任感、创新人才培养机制，深化综合改革、提高教育质量的挑战。高等地质教育是建立在普通教育之上的专业教育，面临着同样的压力与挑战。深化高等地质教育改革需要掌握好两个规律：既要遵循以社会经济发展需要为主的参照基准，调整学校的专业设置以及专业的培养目标、课程体系、学科内容，使地质人才培养更好地适应经济社会发展需要的外部关系规律；又要遵循以地质专业的培养目标为参照基准，完善人才培养机制，加强师资队伍建设，使人才培养模式中的诸要素更加协调，提高人才培养质量与人才培养目标的符合程度的内部关系规律。

1.1.2　经济社会发展给地质人才培养提出了新的要求

随着经济社会的发展，资源、生态环境和地质灾害防治等压力将持续较长时间，对地质人才需求必然逐渐增加。当前，我国地质教育有了较大发展，地质类各办学单位共有152个，其中本科办学单位98个，研究生办学单位104个，高职高专办学单位18个，中专办学单位8个，在校学生10万余人。每年毕业的地质类各专业各层次毕业生25000多人，全国地勘行业的单位3000多个，供需比为8.3：1，应该说每年培养的学生是可以满足需求的。但地质专业人才质量和适应性依然存在诸多瓶颈，主要表现为"两低两不足"：高考第一志愿填报率低和学生从事本专业意愿率低；学习动力不足和行业信心不足。如何完成从量变到质变的飞跃，解决人才质量与适应性双重压力是高等地质教育面临的一个现实而紧迫的问题。

1.1.3　有效整合教学资源给高等地质教育提出了新的要求

教学资源建设，是关系高等教育教学水平、影响教学效果的关键要素，也是事关人才培养质量的重要环节。如何通过优化教学资源推进地质人才培养就显得尤为重要。当前有效整合教学资源的必要性和重要性体现在3个方面：一是教学资源短缺与利用率低之间的矛盾需要教学资源整合；二是人才培养模式的改革需要教学资源整合；三是大学的内涵式发展需要教学资源整合。现阶段受国家经济实力和教育投入的制约，无法在短时间内大幅提高教学资源总量，所以如何通过协同创新等形式，加强校校合作、校企合作，改善教学资源，合理配置教学资源，提高资源利用率，已经成为十分紧迫的现实问题。随着我国高等地质教育体制改革的深入，人才培养模式改革逐渐成为中国地质教育的重要议题，人才培养模式的改革与创新依然是地质高校综合改革需要着力加强的环节。

1.2　高等地质教育面临的矛盾

1.2.1　人才培养总量增长与行业需求难以满足的矛盾

在"大众化"教育背景下，地质专业毕业学生总量有所提升，据统计每年人才培养总量与行业需求为8.3：1，应该足以满足行业对人才发展的需要，但是地质行业普遍存在人才紧缺现象，引起这一矛盾的主要原因有：一是尽管每年毕业学生很多，学生从事本专业率相对较低。主要原因是学生对地质行业认识不足，在择业时紧盯条件优越的大中城市、科研院所，不愿意深入基层和一线工作。学生第一志愿报考率低，大部分学生为"被选择"学习地质专业，再加上学校缺乏系统的专业教育，使得学生职业认识不强，对地质行业认知始终停留在"两低一大"上，即工资待遇低、社会地位低和家庭压力大，因而对学习本专业和从事本专业积极性不高。二是行业对地质人才提出了新的要求。现在地质行业人才缺口主要为青年拔尖地质人才、高学历人才、技术骨干人才、复合型人才等

"领军型人才"，而现在毕业生难以满足行业对人才的高水平需要。

1.2.2 教学课程设置与地质人才素质要求的矛盾

目前高校对人才培养更多强调的是厚基础、宽口径，要求理论知识面要广，这就造成了学生综合素质相对高，而专业能力相对薄弱的现象。不少地质高校压缩地质基础课时，造成学生地质基础知识不牢，地质主干专业课程学习不专不精。再加上实习时间过短，专业技能教育弱化，不少学生毕业后实践动手能力较差。如有的硕士生毕业后不会使用罗盘，野外地质记录不规范，地层剖面图绘制杂乱无章，地层的产状、分层、岩性、化石产出部位、地层厚度以及接触关系等地层特征的概念模糊，钻井岩心地质编录比较差，更有甚者对三大岩辨别不清。有的博士看不懂薄片，不会写岩矿鉴定报告，因此，难以承担野外一线工作重任。此外，在高校青年教师中也存在地质技能较差，地质概念不清，对学生野外技能指导不够，甚至错误分析地质现象，造成学生地质认识模糊，影响了学生培养质量提升。

1.2.3 学习动力不足与就业压力偏高的矛盾

学习动力对学习行为起导向作用。一旦学习动力不足，就直接影响学生的学习热情，学习行为难以持续。当前大学生中不同程度地存在着理想信念淡化、职业认知模糊、学习动力不足等问题。新的"学习无用论"有所抬头，主要表现为大学生的学习缺乏动力，缺少主动性，缺少钻研精神，只是贪图拿到60分，轻松过关。对学习内容兴趣不浓，只是迫于任课教师和考试的压力而被动学习，上课出现把玩手机、微信聊天甚至为了逛街交友而不惜逃课等现象。"知识可以改变命运"也远不如以前更有说服力，学习的正面功能及积极作用被悄然瓦解了。另一方面，随着高校毕业生逐年增加，就业形势也越来越严峻，面对这严峻的形势学生更加注重实用技能、社会实践能力的提升，而忽视专业基础知识的学习，现在就业不少是靠关系、找路子，专业能力的强弱在日益严峻的市场竞争中已不再起决定性的作用，进而加重"学习无用论"的影响。

2 地质教育与行业文化传承的关系

当前我国正处在全面建设小康社会的关键时期，在经济快速发展中面临着人口、资源、环境、生态等巨大压力，经济社会发展对资源和环境的依赖性愈加明显。因此，加强地质教育发展，推动地质文化传承创新，提高人才培养质量，对保障经济社会持续健康发展具有重要作用。

2.1 地质教育推动着行业文化的传承

党的十七届六中全会提出了建设社会主义文化强国的宏伟目标，高等教育作为文化传承的重要基地和文化创新的重要源泉，承担着传承、创新、引领文化的历史使命。中国地质事业处在一个新的历史起点上，地质事业新的发展呼唤地质文化的创新。地质教育的文化功能表现在3个方面：传承地质文化的功能、创新地质文化的功能和引领地质文化的功能。

2.1.1 地质教育的文化传承功能

地质文化是以价值观为核心的精神生产，是社会主义核心价值体系在地质行业的具体体现，是最需要地质教育传承的领域。地质教育是为人之学，而地质文化则是地质教育的核心灵魂。地质教育的重要职责在于保留、传承、弘扬优秀的地质文化，通过文化育人，促进地质人才健康成长，使之成为地质行业需求的合格人才。地质文化传承过程就是把上一代地质工作者所创造并积累起来的文化成果传授给下一代，并由下一代用自己的创造去充实丰富，再传给下一代地质工作者，如此不断地累积、创造、传承下去，构成地质文化发展的川流不息的动态过程。这个过程中的传授是通过教育来完成的。因此，高等地质教育肩负着传承主流地质文化的使命。

高等地质教育对文化的传承，重在对学生核心价值观的导向，主要体现在育人的活动中，尤其体现在对青年一代地质工作者核心价值观的引领上。我国高等地质教育把社会主义核心价值体系融入教育全过程中，把地质行业主流文化传承下去并发扬光大，为弘扬和发展地质事业提供强大精神动力。

2.1.2 地质教育的文化创新功能

面对当今世界各种思想文化相互激荡的大潮，面对经济社会发展和人民生活改善对文化发展的要求，面对社会文化生活多样活跃的态势，文化必须在不断发展中求得和谐，文化的发展必须不断有新的活力、新的血脉注入。地质文化引领地质行业风气之先，是最需要教育创新的领域。地质文化是地质事业软实力和竞争力的体现，地质人才是地质文化发展的源头活水，地质人才队伍建设决定了地质文化事业的前途和命运。

高等地质教育的文化创新，重在对高素质地质专业人才的培养。高素质地质专业人才是地质文化建设的中坚力量。高等地质教育担负着为地质行业输送人才的重要使命，改革地学人才培养模式对促进地质文化传承具有举足轻重的作用。

2.1.3 地质教育的文化引领功能

我国著名哲学家朱谦之认为，教育"一方面仰仗着过去为文化之传达；一方面俯视着将来，为文化之创造，而最重要的，却在乎现有文化之认识和把握，引申现在的文化而进于将来之文化理想。"地质教育的文化适应功能是联结文化传承功能和文化创造功能的纽带。地质文化是地质工作者的忠诚的地质事业精神的体现与升华，是地质工作者的共同精神享受，是最需要地质教育引领和传承的财富，并且只有与现实更好地融合、适应才能进一步得到发展。教育肩负着地质文化引领的历史使命，高等地质教育着眼于提高学生的思想道德和科学文化素质，教育需要走出课堂、走向生活，走出校园、走向社会，以学校文化引领社会文化，在弘扬地质文化中实现自身价值。

高等地质教育的文化引领，重在对高素质文化人才的培养。地质教育对地质文化的能动作用表现在不仅能够传承优秀地质文化，更要能够引领地质文化发展。要以人为本、全面实施素质教育，培养德才兼备的优秀地质人才，使其成为引领地质文化思潮、推进地质行业文明进程的中坚力量。

2.2 地质文化滋润着地质教育事业的发展

地质文化是行业文化，体现地质科学的本质要求。我国地质文化经历了计划经济时期的兴盛、改革开放初期的衰退和全面建设小康社会新时期的繁荣，它是随着地质行业发展而波动起伏的。特别是《关于加强地质工作的决定》（国发〔2006〕4号）颁布以来，地质工作的繁荣推动了地质文化的传承，滋润着地质教育事业的发展。随着地质教育规模的扩大，人才培养结构的完善和培养层次的提高，地质文化对地质教育产生了深远的影响，主要表现在地质教育目标的确立、教育内容的选择和教学方法的使用。

2.2.1　地质文化影响地质教育目标的确立

考察新中国成立以来的地质教育发展，可以发现，"铁人精神""三光荣"精神和"四特别"精神是地质行业的独特精神，是地质行业核心价值观的形象概括，是地质文化的核心与灵魂。地质核心价值体系建设特别是价值观的提倡和培育，有助于形成地质队伍奋发向上的精神力量、学习工作的行为准则和共同信守的道德规范。

党的十八大明确要求，要"给自然留下更多修复空间，给农业留下更多良田，给子孙后代留下天蓝、地绿、水净的美好家园"。当前，环境污染和生态平衡已经成为地质科学的重要学科难点，污染防治、维护生态平衡、保护农田，已成为地质人的重大使命，矿产资源和土地资源节约利用是新时代地质人的奋斗目标。时代呼唤新的地学观和资源利用观的形成和发展；时代需要地质文化与时俱进、弘扬主旋律；时代推动地质文化快速发展，影响着地质教育目标的确立。地质教育目标的重新定位，将滋养地质教育事业的健康发展。

2.2.2　地质文化影响着地质教育内容的选择

教育内容创新是教育创新的根本。课程是教育思想、教育目标和教育内容的主要载体，集中体现国家意志、社会主义核心价值观和人才培养要求，是学校教育教学活动的基本依据，在人才培养中发挥着核心作用。党的十八大提出了"五位一体"的总体布局和"两个百年"的发展目标，习近平总书记提出了"中国梦"，共同勾勒出实现中华民族伟大复兴的宏伟蓝图。生态文明建设提出的"天蓝、地绿、水净"的要求与地质科学和地质工作息息相关，对生态环境的关注和研究、对地球系统整体性研究都将成为地质科学的重要内容。2014年3月，国务院副总理张高丽在全国地质工作会议上强调，"要着力加强成矿理论和找矿技术方法等研究，加快实现地质找矿突破，为保障国家能源资源安全奠定更加坚实的基础。进一步拓宽地质工作服务领域，加强城市地质、农业地质、工程地质、海洋地质工作，提升防灾减灾和保护地质环境的能力，为新型城镇化建设、现代农业发展、重大工程建设、发展海洋经济提供有力支撑。"

时代的发展推动着地质文化的传承与发展，地质文化服务领域的拓宽和创新发展，更新地质教育理念，夯实地质教育基础，调整地质教育内容。地质教育内容的选择主要是紧跟时代发展的主题和强国战略的需要，合理吸收各学科领域的最新的科学成果，不断更新课程体系和内容，使课程内容体现出时代的特色。

2.2.3　地质文化影响着地质教育教学方法的使用

随着国家"一带一路""找矿突破"和"生态文明"的战略部署，推进基础调查与科研的一体化，提高调查研究的水平，提升基础地质服务于"九大计划"的能力，成为当前地质工作所面临的"新常态"。对于我国经济发展的新常态，习近平总书记在2014年中央经济工作会议上强调，要"更加注重加强教育和提升人力资本素质，更加注重科技进步和全面创新"。李克强总理强调指出，"没有高素质的人才资源，实现转型升级、全面建成小康社会就缺乏根基"，刘延东副总理明确提出，"认识新常态、适应新常态、引领新常态，是当前和今后一个时期经济发展的主旋律，也是教育工作的大逻辑"。

我国地质工作和高等教育发展的新常态，丰富了地质文化的内容，给地质教育带来了联动反应。把握质量关、适应新常态成为高等地质教育所面临的时代要求。突出实践教学和创新创业教育，加强地质人才实践创新能力培养，利用信息化手段改进传统教学方法，引领课程体系改革和教学方法现代化建设成为地质教育质量提升的重要手段。健全价值塑造、能力培养和知识传授的教育模式，培养具有健全人格、专业技能、科学素养、人文情怀、创新精神、社会担当的新型人才成为高等地质教育立德树人的根本任务。

3　依托地质教育推进地质文化传承的路径

地质文化发展到今天已经历了百年的历史沉淀，地质文化的传承不断推动着地质事业的发展。高等地质教育要把握时代主旋律，积极更新观念，应时而变、应势利导，充分发挥文化育人作用，推进地质文化传承创新。

3.1　大力培育践行社会主义核心价值观，塑造正确的理想信念

随着经济全球化的持续发展，社会转型的不断深入，人们逐渐意识到仅有经济发展还是不够，必须伴之以具有凝聚力的文化价值认同的力量，这种软力量与经济实力是相辅相成的，这就是社会的核心价值观。"铁人精神""三光荣""四特别"精神是社会主义核心价值观在地质事业中的具体体现，是对地质工作精神的高度凝结，是构建地质行业文化的"基石"和"灵魂"。地质事业的发展需要行业文化的价值认同，需要社会主义核心价值观作为引领。

高校肩负着塑造地质人才社会主义核心价值观的历史重任，通过学校管理服务活动、思想政治理论课、大学生社会实践和校园文化建设等渠道和载体，把社会主义核心价值观培育建设融入人才培养全过程，增强大学生社会责任感和使命感，引导大学生树立正确的理想信念、正确的价值认同和强烈的爱国热情，使其立志实现地质工作者的"地质梦"，实现中华民族伟大复兴的"中国梦"。

3.2　大力弘扬"生态文明"的时代主旋律，丰富地质传统文化

党的十八大以来，随着国家经济战略的调整，服务找矿突破和生态文明建设成为当代地质工作者的神圣使命，"生态文明"的提出，丰富了传统地质文化，构成了新型地质文化的基本内涵。生态文明的时代要求传统地质文化尽快完成"人文转向"，要用地球科学的人文精神指导地质研究和地质实践，实现地学为人与社会、自然生态和谐的社会发展服务，顺应人民群众对良好生态环境的美好期待，合理利用资源，保护生态环境，推动形成绿色低碳循环的发展新方式。

3.3　大力推进具有特色的校园文化建设，提高地质文化素养

大学的校园文化是大学发展的灵魂和根基，是社会主义先进文化的重要组成部分。地

学高校校园文化建设要继承与创新相结合，立足"三光荣""四特别"等优良地质文化传统，创新具有地学时代特色的校园文化，提炼学校办学理念，推动地学文化发展。通过举办具有行业特色的校园文化活动，如"学科知识竞赛""地质技能大赛""世界地球日""世界环境日""珠宝文化节"等，营造浓郁的校园文化氛围，凸显地质文化特色，深化素质养成教育。

3.4 大力开展形式多样的社会实践活动，培养地质职业精神

社会实践承载对大学生实践能力的培养，强化对地质行业的认同，促进对行业精神的认知，提升职业认同意识，增强对地质文化的感性认识，同时也有助于从传统地质文化内涵中提炼出鲜明的时代特征。通过参加野外专业实习和社会实践活动，使学生充分感受地质工作者背起行装出发，回归到高山之畔、流水之滨，带着疑问在地球的无字天书中寻找答案的情怀，赋予了地质文化独特的"天人合一"的自然情操，探索自然，取义于山，寄情于水，合乎"天道酬勤"之理，具有"自然精神"之悟，在潜移默化中达到自我教育的目的，引导大学生成为地质事业的积极宣传者、坚定信仰者和模范践行者。

参 考 文 献

余际从 . 2011. 我国地质教育的现状与发展 [J]. 中国地质 (4)：3~12

刘世勇 . 2012. 我国高等地质教育本科毕业生培养质量调查分析与对策 [J]. 中国地质 (11)：31~33

毕孔彰 . 2014. 地质教育综合改革的宏观视角 [J]. 中国地质 (4)：1~6

毕孔彰 . 2013. 地质文化应从"实"建起 [J]. 中国国土资源经济 (4)：70~72

刘学清 . 2010. 地质文化建设构想 [J]. 研究探讨 (4)：8~11

论地质公园在地球科学与文化
工作中的地位和作用

陈 安 泽

（中国地质科学院　北京　100037）

摘　要　"文化"一词在《现代汉语词典》中的定义："指人类社会发展过程中所创造的物质财富和精神财富的总和。特指精神财富，如文学、艺术、教育、科学等"。而地质公园是21世纪才出现的新事物，中国地球科学界在创立地质公园工作中，走在了世界的前列。到2014年止我国已建成国家地质公园185处（尚有56处已取得建设资格，在建设中）、世界地质公园33处、省级地质公园100多处。地质公园的主要任务是在保护地质遗迹的前提下，通过旅游向公众普及地球科学知识、促进地方经济社会可持续发展。总的来看，地质公园是为了满足人们精神需求服务的一项工作，是地球科学与文化的最佳结合，是地球科学文化（含地质文化）的重要组成部分，也是地质调查工作的创新发展。本文将从地质公园的创立与发展现状、地质公园是地质文化（地学文化）的重要组成部分、地质公园是地质调查工作的创新发展3个方面来论述地质公园在地质文化工作中的地位和作用，以供与会代表参阅。

关键词　地质公园　国家地质公园　地质文化　地学文化　地质调查

1　地质公园的创立与发展现状

现代地质学已有数百年历史，在这个漫长的发展过程中，地质调查工作从没有把建立地质公园作为任务。20世纪70年代末中国提出改革开放重大方针，迎来了思想的大解放和经济的大发展，从而促进了中国旅游业的大发展。中国地球科学界在为旅游业服务中，深深地觉察到地球科学与旅游业关系密切，遂在中国地质学会科普委员会组织下，于1985年建立了"中国旅游地学研究会"（即现中国地质学会旅游地学与地质公园研究会前身），在成立会上陈安泽向国务院起草了《关于在发展旅游事业中要加强地学调查研究工作的若干建议》。在《建议》中明确提出："在国家级和省级自然景观旅游区（点），如庐山、黄山、武夷山、泰山、三峡、桂林、五大连池、张家界等要有计划地开辟、建立地学公园和有地学内容的旅游博物馆，以增加旅游区（点）的科学价值，提高旅游的科学性，要加强科学导游工作，多出版旅游科普读物，把科学知识寓于旅游之中。在旅游中加强精神文明建设应成为我国旅游的重要方针。""地学公园"（含地质公园）名词首次面世，该《建议》已成为建立地质公园的指导性文件。经过多方努力，中国国家地质公园终于在国土资源部领导下于2000年诞生，从而成为地质调查工作的组成部分。到2014年年底，中国已建成国家地质公园185处（尚有56处已取得国家地质公园建设资格，正在加紧建设中)、世界地质公园 33 处(全球 110 处)、省级地质公园 100 多处,是世界上建立地质公园最多的国家。特别值得说明的是,世界地质公园、欧洲地质公园的起因都与中国有关。1996 年在北京召开了第 30 届国际地质大会,全球 6000 多名地质学家与会,受中国地学家倡议创立地学公园(地质公园)影响,联合国教科文组织地学部(Division of Earth Science of UNESCO)和国际地质科学联合会(IUGS)共同提出"建立世界地质公园"的倡议。与会的欧洲地质学家,法国的马丁尼(Guy Martini)和希腊的佐罗斯(Nickolus Zoulos)提出建立欧洲地质公园(Eurogeopak)的倡议。英文地质公园名词"geopark"也是在中国北京诞生的。现在,建立地质公园的热潮正在全球蓬勃兴起,五大洲都已建立了地质公园。由于"保护地质遗迹保护自然环境、普及地球科学知识、开展旅游促进经济社会发展",是地质公园的主要任务,以及它的理念的先进性,地质公园这一新生事物受到社会各界的欢迎,其发展前景十分光明。中国地球科学家开创的地质公园事业,必将在地球科学发展史上留下光辉的一页。

2 地质公园是地质文化(地学文化)的重要组成部分

对于什么是文化,除了汉语词典的解释外,还有各种解释。如江上有先生说:"文化其实是人们认识世界、理解世界的一种方法和一种思维模式",并说,"人们对世界的认识和理解称为知识,人们增加知识的一切手段都叫文化"。笔者赞赏这种观点,地质文化就是通过地质知识认识世界的一种手段。向公众传播地球科学知识,促使人们从科学角度去认识世界,是地质公园主要任务之一,因此,地质公园是地球科学与文化的最佳结合点,是地质文化(或地学文化)的重要组成部分。早在 2010 年笔者在起草"国家地质公园总体规划工作指南"[《关于申报国家地质公园的通知》(国土资厅发〔2000〕77 号)]时,就给地质公园下了这样一个定义:"地质公园"(geopark)是以具有特殊的科学意义,稀有的自然属性,优美的观赏价值,具有一定规模和分布范围的地质遗迹景观为主体;融合自然景观与人文景观并具有生态、历史和文化价值;以地质遗迹保护,支持当地经济、文化与环境的可持续发展为宗旨;为人们提供具有较高科学品位的观光游览、度假休息、保健疗养、科学教育、文化娱乐的场所。同时也是地质遗迹景观和生态环境的重点保护区,地质科学研究与普及的基地。简要地讲,"地质公园是以地质地貌景观为主要观赏对象的自然公园"。从地质公园的定义来看,它既有很高的科学属性,又有很高的文化属性,而最突出的还是它的文化属性,主要是用地质遗迹所含的科学信息来满足人们的精神需求。地质公园在实践中也是这样做的,要建设一处地质公园,首先要做深入的调查研究,把各类地质遗迹中所含的科学信息(如各种地质地貌景观的物质组成、结构、构造、形成原因和演化过程以及古生物的种属和生存环境等)详尽地揭示出来,然后通过公园解说体系建设(包括公园主碑与副碑,公园地质博物馆、科普电影馆、景点景物科学解说牌、地质科普广场、科普图书及音像制品、解说员培训与设置……)将地球科学知识深入浅出、生动形象地传播给游客,使游人在观赏地质公园美景之余,顺便获取这些引人入胜的地球科学知识。到目前为止,地质公园已妥善保护了数千处珍贵地质遗迹,建立了200 多处公园地质博物馆、200 多处科学电影馆(或演示厅),12000 多块解说牌,出版各种科普文学音像读物 1700 多种、1000 多万册(张),组织科普活动 6168 次,设计地质科普旅游路线 427 条，专职导游 6481 人，兼职导游 9515 人，不完全统计到地质公园参观的游人累计已过 5 亿人次。从以上数据可以看出，地质公园在传播地球科学知识上的作用和功能是多么惊人，充分说明了地质公园是地质文化的重要组成部分。

3 地质公园是地质调查工作的创新发展

在地质公园面世之前，地质调查工作主要是为找矿服务的，已为经济发展找到大量矿产，为国家进行物质文明建设做出了巨大贡献。中国地学家创立的地质公园为地质调查工作大大拓宽了服务领域，事实证明，地质调查工作不只是能寻找评价经济建设需要的金属、非金属和煤、石油、天然气等燃料矿产资源；还能寻找评价、规划利用建设地质公园、风景区、旅游区等，满足人们精神所需的地质景观资源。地质调查工作不仅能为物质文明建设服务，还能为精神文明建设服务。笔者曾多次讲过，利用找到的地质景观资源建设一个国家地质公园，其效益就是为国家找到了一个大金矿；利用地质景观资源建设一个世界地质公园，其效益就是为国家找到了一个特大型金矿。一个矿床总有开完的时候，而利用地质景观资源建立的地质公园则是永远开不完的"金矿"。地质公园是中国地质调查工作的创新和发展，在经济发展新常态下的地质调查工作，要深刻认识面临的新形势、新任务，地质调查工作必须继续走创新发展之路。在中国经济步入新常态、世界经济陷入缓慢发展的新形势下，对大宗矿产的需求日益趋缓，导致地质找矿工作可能步入一个周期性的低谷。地质调查工作应未雨绸缪，建立危机意识，树立改革创新的思维，树立大资源观，树立为两个文明建设服务的观念，特别是要大力加强地质调查工作为精神文明、生态文明建设服务工作。要充分发挥地质文化在地质调查工作中的作用，充分认识地质文化在经济新常态下，在缓解地质工作出现低谷时的作用。河南省地矿局在发挥地质文化作用方面就很有创新，为了向旅游业渗透，于 2012 年成立了"河南地质旅游促进会"，又提出建立"郑州荥阳万山地质文化产业园"项目，经郑州市政府批准，该地质文化产业园占地 10 平方千米，现正根据园区的地质资源特色，进行下列 5 个方面的建设：①打造一个以二叠纪到三叠纪生物灭绝事件为主题的地质公园；②以丰富地下水为依托建设一个生态农业园；③以优质温泉为依托建设一个养生、健身、休闲基地；④建设一个以观赏石为主导的地质旅游商品展示交易中心；⑤建设一处以制作反映地质景观形成演化影视片为主的地质影视文化拍摄基地。产业园主要是为旅游服务，面向游客传播地球科学知识，并通过产业园运作为地质职工就业、扩大地调工作实力积累资金。河南省地矿局运用地质文化产业扩大地质调查工作服务领域，是一个有超前意识的战略性举措，值得地质调查部门效仿。当然地质调查的主战场还是找矿，但两条腿走路不是更好些吗！为两个文明建设服务不是更好吗！

4 结语

地质公园是中国地质调查工作在 21 世纪的最大创新之一，是地质工作发展历史上具有里程碑意义的大事。

地质公园是地球科学与文化相结合的产物，是地质文化（地学文化）的重要组成部分，是地质文化的舞台，引领着地质文化的发展方向。地质公园在地球科学文化工作中处于基础地位，并发挥着不可替代的重要作用。

地质调查工作在经济新常态下应建立危机意识，树立大资源观、扩大服务领域、充分利用地质文化优势、开辟新的地质文化产业、增强队伍的凝聚力和战斗力，以迎接地质调查工作更新局面的到来。

参 考 文 献

陈安泽等 . 2002. 国家地质公园建设与旅游资源开发//旅游地学论文集：第八集 ［C］. 北京：中国林业出版社

中国社科院语言研究所词典编辑室 . 2015. 现代汉语词典 .（第6版）［M］. 北京：商务印书馆

陈安泽 . 2013. 旅游地学与地质公园研究——陈安泽文集 ［M］. 北京：科学出版社

不负时代重托　传承发展地质文化

宋宏建

（河南省地质矿产勘查开发局　郑州　450001）

摘　要　"百花齐放、百家争鸣"，作为我党发展科学、繁荣文学艺术的指导方针，已自新中国成立初期实施至今。在 2014 年 10 月中央召开的文艺工作座谈会上，习近平总书记结合新时期我党实现"两个一百年"奋斗目标、实现中华民族伟大复兴的"中国梦"做出了重要讲话。半年来，河南地矿文联深入学习贯彻习总书记文艺座谈会讲话精神，在倾力打造具有地矿行业特色的地学文化方面做出了有益探索。

关键词　地质文化　行业特色　传承发展

中华优秀传统文化是中华民族的精神命脉，是涵养社会主义核心价值观的重要源泉，也是我们在世界文化激荡中站稳脚跟的坚实根基。河南地矿文联深入学习贯彻习近平总书记在文艺工作座谈会上的讲话精神，结合地矿行业和新的时代条件，传承与发展中华美学精神和地质文化优良传统，积极制定五年规划纲要并抓好落实。

1　确立指导思想和奋斗目标

河南省地矿局是中原地质找矿的主力军，近年来以为经济社会提供资源保障和地质服务为己任，以重大项目建设为抓手，积极开展找矿突破战略行动，提交了大批基础性、公益性地质成果，多轮次承担和完成了全省基础地质、水文地质、工程地质、环境地质调查评价工作。在奠定矿产勘查开发的基础上，还积极融入地方经济建设，在建筑、道路、市政、环保工程领域以及地热资源、水资源的开发利用和地质遗产保护、地质灾害治理等方面，强力拓展服务领域，为"中原崛起，河南振兴"做出了突出贡献。全局在地质找矿与服务经济社会方面取得丰硕成果的同时，地矿文化建设也百花盛开同步发展。三年内连续举办了三届"新地矿之春"的文学、书法、美术、摄影原创作品征集和展评，结集作品 4 部、专刊 3 期；并且成立了地矿文工团，不定期深入野外一线工地，开展丰富多彩的文化艺术演出活动等，目前的会员已由 2010 年 10 月刚成立时的 93 人发展到 397 人。

地质文化是地质事业运行的血脉，是地质职工的精神家园和事业理想的支柱。为全面促进地质文化繁荣、科学推动河南新地矿建设，河南地矿文联在掀起学习贯彻习总书记文艺工作座谈会上讲话精神的新高潮之际，结合新形势下河南地矿行业的新特点，精心制定了 2015～2020 年工作规划。

1.1　指导思想

全面贯彻党的十八大和十八届三中、四中全会精神，坚持党的文艺工作"二为"方向和"双百"方针，紧紧围绕河南新地矿建设，带领各理事单位和广大会员，以生花妙笔润色地矿行业"三光荣"优良传统和"四特别"精神；以浓墨重彩彰显地质工作中开发矿业、奉献社会的辉煌成果；以缤纷摄影镜头定格地质人、探宝人的宽阔胸襟；以昂扬旋律抒发地矿职工艰苦创业、安居乐业的豪情壮志。在地矿行业践行社会主义核心价值观、实现伟大中国梦的征途中，打造文化艺术的软实力，为科学推进河南新地矿的伟大事业助推护航。

1.2　总体目标

一是倾力打造地质文艺领军人物。力推国家级人才 3~8 人，省部级人才 10~15 人，系统内骨干人才 5080 人。拟聘五大专业专家 5 名、名誉会员 15 名。二是精心创作地矿文学艺术精品。在打造专业人才团队的同时，推出一批能代表河南地矿行业特色，具有较高思想性、艺术性的精品力作，具体目标为原创作品达到国家级的不少于 10 件、省部级不少于 40 件、系统内精品不少于 150 件。三是科学推进文联组织、阵地和会员队伍建设。文学、摄影、书法、美术、音（乐）戏（曲）舞（蹈）五大专业委员会分别建立细化的专业分会并切实发挥作用，各专业分会机构要与依托单位精神文明建设工作平台相结合，建立起相应的创作阵地。四是建立健全地矿文化工作机制。完善常态化的工作管理、组织活动机构，建立人才培养、会员培训和对外文化交流机制等。

2　加强组织建设和队伍建设

2.1　加强文联组织建设

一方面是灵活设立分支机构：分支机构的横向设置是五大专业委员会，再根据专业分为更加细化的专业分会；纵向设置是各理事单位相应机构，使组织机构网格化。各专业委员会可根据自身特点以及各理事单位的爱好者分布情况，本着方便工作的原则，逐步建立健全细化的专业分会。如书法委员会可分设楷书、行草、隶篆、硬笔分会等，文学委员会可分设诗歌、散文、小说分会等，音戏舞委员会可分设音乐、戏曲、舞蹈分会等，分别负责相应专业活动和工作。另一方面灵活组织创作活动：基层 46 家理事单位作为文联的基层组织，接受文联统一管理，同时承担本理事单位的日常文艺工作。如建立文联网站，创办文学刊物，设立创作基地，组织文艺活动，搭建奖励平台等。

2.2　加强会员队伍建设

围绕 2020 年会员队伍达到 1500 人的目标，要从如下几个方面着手：一是抓普及。尽可能多地吸引广大职工，特别是离退休职工中的文艺爱好者，使他们成为文联各专业会员的群众基础，在广泛普及的基础上扩大文艺爱好者的兴趣范围，提升文艺素养。二是抓提高。按照各专业的艺术要求及不同层次人才的实际情况，认真抓好培训提高工作，鼓励文艺爱好者系统全面地学习掌握本专业的理论知识和实操技能，可以通过短训班、强化班、专题班、学历班等各种形式提高自己的创作水平。三是抓重点。对重点人才、重点作品、重点活动、重大题材要打破常规、突破惯例重点扶持、重点创作、重点推介、重点奖励，从而达到重点突破、高位打响的效果。

2.3 细化各个专业任务

在未来五年内，文联将围绕"出人才、创精品"的工作重点，强化优秀人才队伍建设和优秀作品创作。文学专业：扶持 1～2 名成为国家作协会员，3～5 名成为省内有一定影响的实力派作家，5～10 名在全国国土资源系统内有一定影响的文学青年，10～20 名在局系统内有影响的文学创作骨干人才，同时打造文学精品——在国家、省部级刊物发表作品 5～10 篇，力争创作 1～2 部以地质工作为题材，在全省乃至全国产生较大影响的报告文学和影视剧本，并与传媒企业联合，在条件成熟时将剧本搬上银幕或荧屏。书法专业：推荐 1～3 名加入国家级书协，3～5 名加入省级书协，重点培养 10～20 名局系统内有影响的书法创作骨干人才，争取在国家级展赛活动中展示作品 5 件、在省部级展赛活动中展示作品 30 件、在系统内展赛活动中展出作品至少 200 件。美术专业：计划在五年内加入省级美协会员 5～8 人，中国美协会员 1～2 人，力争在国家级展赛活动中参展作品不少于 5 件，在省级展赛活动中参展作品不少于 20 件，在系统内展赛活动中参展作品不少于 150 件。摄影专业：推荐 1～3 名领军人物加入省摄影协会，征集反映地矿人艰苦创业精神的老照片编辑成系列作品，向建局 60 周年献礼，作为"三光荣"传统教育的常规教材，通过重点扶持、内部评比等激励机制打造精品。音戏舞专业：按照声乐、器乐、戏曲、舞蹈分类，每个专业重点培养骨干 5～10 名，向省级协会推荐并加入 1～3 名。其次发展会员达到 300 人，力争创作出 1～2 部在省内外有影响力、有深刻地矿文化内涵的原创作品，一台以"河南新地矿建设"为主题的舞台剧，使之成为河南地矿面向社会的窗口。

3 创新活动载体和保障机制

3.1 创新活动载体，坚持做到"三化"

即征集作品常态化（定期组织交流、研讨、评选并集结成册）；开展活动多样化（包括专题活动、定期活动、届次活动、创作笔会、观摩采风、巡回展览等）；文艺活动接地化（组织文艺骨干到局属重大项目野外生产一线体验生活，积累创作素材，激发创作灵感，同时把会员作品提供到一线交流学习，使之更接地气，成为广大干部职工喜爱的大众文化，逐步形成具有行业特色的地矿文化）。

3.2 创新人才培养机制，力求做到"三化"

即培训内容层次化（结合文艺爱好者不同层次的具体实际，举办具有针对性的初级班入门培训、中级班提高培训、高级班研修培训或专题讲座）；培训方式多样化（可通过文联网站、视频培训、作品研讨、现场交流、专栏阅读等方式设置学习平台）；互动交流常态化（一是走出去，二是请进来，三是各专业内部互动）。

3.3 创新保障措施，加大三个力度、两个激励

即组织保障力度——在局党委领导下，由地矿文联总体策划、部署各项活动方案和宏

观掌控，由各专业委员会支持和所有理事单位相关部门为依托，组织实施好各项活动。经费保障力度——一是文联会费收入对文联组织重点活动给予重点保证；二是专业委员会活动要与依托单位紧密结合；三是鼓励各理事单位以冠名赞助的形式对大型活动提供经费支持。制度保障力度——文联和各专业委员会，都要完善必要的日常工作制度、工作例会制度、专业管理制度、业绩考核制度等，以保证工作的正常开展和整体推进。考核激励——考核分为对会员考核和对理事单位考核。对完成任务好的给予表彰奖励，对完成任务差的降低扶持力度，对长期不参加活动的采取一定的负激励措施。奖励激励——文联集中设立奖项与各专业委员会设立奖项相结合，对重要成果和做出突出贡献人员进行物质奖励，以调动广大会员和爱好者的创作热情。

论"三光荣"精神的传承与创新

——以山东地矿三院"乐山乐水，真情真爱"价值观为例

祝永远

（山东省第三地质矿产勘查院 烟台 264000）

摘 要 文章从"三光荣"精神在基层地勘单位遇到的具体问题入手，以山东地矿三院"乐山乐水，真情真爱"核心价值观为例，分析"三光荣"精神如何与地矿文化建设相结合，在新常态下如何得以传承与创新。

关键词 "三光荣"精神 乐山乐水 真情真爱 传承创新

以献身地质事业为荣、以艰苦奋斗为荣、以找矿立功为荣的"三光荣"精神，是"地质之魂"，影响和激励了一代代地质人。时代进入新世纪，经济步入新常态，"三光荣"精神更需与时俱进，赋予新内涵，展示新特点，在传承中创新，在创新中发展。本文试以山东地矿三院"乐山乐水，真情真爱"核心价值观的提炼和推广为例，探讨"三光荣"精神在地勘单位如何真正传承，如何创新发展。

1 老精神的新问题

"三光荣"精神在 1983 年全国地质系统基层模范政治工作者表彰大会上正式提出，经过了 30 多年，"三光荣"精神其内核不老，并且在大力培育和践行社会主义核心价值观的今天，历久弥新。但是，在新的历史条件下，"三光荣"精神的弘扬，遇到了一些新特点：

1.1 计划经济的时代烙印与新时期"违和"

在 20 世纪 80 年代那个特定的历史时期，"三光荣"精神无疑具有鲜明的时代特点，因而与当时的形势相吻合。虽然条件艰苦，但找矿国家有计划、有投入，地勘单位的任务就是完成国家计划，任务单纯、单一。"三光荣"精神，或者说是对地质队员的 3 方面要求，崇高而光荣，但也正因为如此，"三光荣"精神不可避免地带上了计划经济时期的时代烙印。为事业而献身，往往是对先模人物而言，对更多人来说敬业爱岗的要求更加适宜；在物质条件不断改善，劳动保护更加规范的今天，艰苦奋斗精神和勤俭办事的作风当然不能丢，但我们地质队员要有尊严地工作，要尽可能地改善工作条件，要吸引更多的年轻人到地质事业中来，不能刻意地强调以艰苦奋斗为"荣"；在大地质观、大资源观、大生态观的背景下，找矿的提法稍显狭窄。对企业化经营的地勘单位而言，过去的立功受奖

并没有转变接之而来的十几年困难期，现在也没有谁来给评功授奖，面临的任务是推动自身发展的同时，履行相应的社会责任。因此，"三光荣"精神如何解决与新时代的"违和"，如何让更多的年轻人接纳，如何赋予其新的精神内涵，已成为传承中要解决的重要问题。

1.2 说教生硬，缺乏亲和

"三光荣"精神，三句话朗朗上口，确实能让人振臂一呼，倍添士气。但这种口号式、说教式的语言，与尊重个性、崇尚自我的时代格格不入，甚至会让人产生逆反心理。现在的企业文化，更加看重人文关怀；现在的职工，更加需要企业认同；现在的语言，更加具有温情。"三光荣"精神表现的形式，需要富哲理催人远行，如春雨润物无声。

1.3 作为行业精神，在具体单位无归属感

"三光荣"精神，由地矿系统提出，得到地矿行业的认同，成为地矿行业的精神。但正如由锤子、罗盘、放大镜组成的地质徽一样，"三光荣"精神成了一种行业符号，它宽泛到由整个行业拥有，具体到一个地质勘查单位，同中国特色社会主义理论一道，成为职工宣传教育的重要内容。而在普通职工眼中，只把它看作是行业共有的，而不是单位特有的，所以在一个具体单位，没有认同感和归属感。唯有将"三光荣"的精神内核与单位的企业文化结合起来，才能成为单位特有的、职工认可的动力和精神。

2 新理念中新传承

"三光荣"精神，是对事业的一种热爱、一种自豪；是对工作的一种达观、一种情怀；是对祖国的一种责任、一种担当。在山东省第三地质矿产勘查院（以下称山东地矿三院），常洪华先生当过党委书记，现任院长。这位当过校长的儒雅人，进入地矿系统不长，却对"三光荣"精神有着独到的理解。他把"三光荣"精神与山东地矿三院的特点融合起来，加以提炼升华，提出了"乐山乐水、真情真爱"这一独具特色的核心价值观。从三年前提出到现在，"乐山乐水、真情真爱"理念得到了全院的认同，得到了同行的认可，成为单位凝神聚力的动力，成为单位鲜明的形象。

2.1 "乐山乐水，真情真爱"，体现了对事业的热爱和自豪，是对"以献身地质事业为荣"的生动阐述

传统文化历来对山水文化情有独钟，喜欢用山水寓情抒怀。《论语》里说，"智者乐水，仁者乐山"。《醉翁亭》里说，"山水之乐，得之心而寓之酒也"。从某种意义上讲，乐山乐水就成了热爱地质事业的代名词。但用乐山乐水而不是用献身地质事业为荣来表述，具有以下的好处：

一是，对地质工作者而言，行走于山水之间，以山水为家、与山水相伴、与山水相知、以山水为乐。大自然的山山水水就是我们的主战场。离开了山和水，就如同鱼离开了水，地质工作就成了无源之水、无本之木。作为一名地质工作者，爱地矿，就要乐山水、奔一线，立足岗位作贡献。

二是，青山绿水，是大自然对人类的馈赠，是生态文明的标志。我们要做探宝人，也要做自然的保护者。乐山乐水、真情真爱，要求地质工作者树立大地质观、大资源观、大生态观，推动地矿可持续发展。

三是，山的博大造就了地矿人奉献事业的宽广胸怀，水的灵动陶冶了包容博爱的高尚情操。地质工作者对山水、土石朴素的爱，延伸到了地质人之间真挚的情。地质人的这种纯真、忠厚造就了地质事业的和谐、包容和共赢。

四是，仁义礼智信、温良恭俭让是做人的道德准则，修身齐家治国平天下是有志者的道德理想。地质人是乐山乐水之人，也要做仁智兼具之士，要不断加强自我修养，以奉献地质工作的实际行动，助力国家大治，天下太平。

2.2 "乐山乐水，真情真爱"，体现了对工作的达观和情怀，是对"以艰苦奋斗为荣"的诗意描写

在外人看来，地质工作者走遍祖国的大好河山，参阅人间的风土人情，无疑是浪漫的、诗意的。但地质工作的艰苦是公认的，从事其中更能体会其艰辛。不仅有冰川沼泽的陷阱，也有戈壁大漠的迷途；有洪水风暴的突发，也有毒虫猛兽的侵袭；有高原反应的不适，也有战争暴乱的危机。而在这些有形的艰苦之外，更加折磨地质队员的是情感上无尽的孤独、家庭中无助的愧疚。

苦是现实的，单纯地强调"以艰苦奋斗为荣"则是不现实的。面对各种艰难困苦，一方面我们要尽可能地改善工作条件，避免受各种无谓的苦；另一方面，需要我们以乐观的精神，达观的心态，积极面对。而体味山水之乐，能使各种付出更加值得；体味山水之乐，也能让人苦中作乐，以苦为乐。

2.3 "乐山乐水，真情真爱"，体现了对祖国的责任和担当，是对"以找矿立功为荣"的真情抒怀

真情真爱，首先是地质人对祖国的爱。踏遍青山人未老，数十载无私奉献，几代人找矿报国，地质人用博大的胸怀和真情的付出，履行了责任和担当。

真情真爱，其次是地质人对事业的爱。不管是顺境还是逆境，不管是重视还是漠视，地质人总是无怨无悔，植根大地，勘查未来，用一个又一个的大矿，诠释着职业的意义。

真情真爱，更是地质人对生活的爱、对同事的爱和对亲人的爱。地质人拙于表达却感情丰富，有爱人达己的大爱思想，对单位、同事、客户、家人、社会充满真情、充满热爱。

3 新常态下新思考

如同所有优秀的传统文化一样，"三光荣"精神也存在着传承与创新的问题。尽管在前文阐述了新时期"三光荣"精神不适应的地方，但必须强调的是，"三光荣"精神是地矿行业的宝贵财富和精神动力，是地质工作的传家宝，必须传好、用好。近些年来，"三光荣"精神讲得少了。在山东地矿三院最近举办的新入职毕业生面试中，绝大多数的同学不知道"三光荣"精神为何物，这说明地质院校在地质精神方面重视不够，在地勘单

位的情况也是基本如此。开展"三光荣"教育,一是要交代好"三光荣"诞生的时代背景;二是要明确"三光荣"精神的实质;三是要做好与单位现有文化、理念、精神的结合。

在传承基础上进行创新,是"三光荣"精神永葆生机的关键所在。从山东地矿三院的实践中可以看出,"三光荣"与时俱进、创新发展必须做到以下几点:

一是继承传统文化。只有民族的,才是世界的。我国历史上有优秀的传统文化,我们要学会从中继承、借鉴。"乐山乐水,真情真爱"理念,其中有儒家传统的仁义礼智信的思想,更有传统的山水文化,因而富有底蕴、易于接受。

二是体现时代特点。不同的时代有不同的语言。同样的道理,换个不同的说法,职工可能会更好理解和接受。"三光荣"精神,其核心是使命、责任和担当,在当今面对思想活跃的年轻人,指令式、命令式、口号式的表现形式就需要做出转变,换作循循善诱、喜闻乐见的形式。

三是结合单位实际。每个单位有每个单位的历史、传统、精神和文化。"三光荣"精神的继承,要紧密结合单位的实际情况,与其特定的文化品格、秉性相结合。比如,以山东地矿三院为例,这个队伍既有齐鲁礼仪之邦的文化基因,又有沿海城市特有的开放思想,干部职工以家乡为傲、以山海为美,形成了特色鲜明的文化。"乐山乐水、真情真爱"理念又很好地契合了这种文化,所以更加富有生机和活力。

四是融入文化建设。"三光荣"精神的传承与创新,要与宣传思想工作结合起来,与文明创建活动结合起来,特别要与单位的企业文化建设结合起来。要把"三光荣"精神作为企业精神、核心价值观、发展愿景、发展理念的思想之魂和主心骨,在不同的层面,不断地加以深化、强化,使之更加系统化、条理化,成为全体干部职工的思想动力和精神支持。

北京地质调查的传承与发展

吕金波

（北京市地质调查研究院 北京 102206）

摘 要 北京素有"中国地质工作摇篮"之称，1913～1916 年建成地质调查所，完成第一部地质调查专著《北京西山地质志》。民国时期"燕山运动"的提出和"北京猿人"的发现成为影响世界的地质调查成果。新中国成立后，地质工作者在北京率先实现 1:5 万区域地质调查的全覆盖，1991 年出版《北京市区域地质志》。2013～2015 年修编第二版《北京市区域地质志》，为了突出北京的城市地质特色，增加了"城市地质"篇章和《北京市基岩地质图》，为京津冀一体化协同发展服务。今后北京的地质调查要实现从地质找矿为中心向地质环境为中心转变，从资源调查向多参数地质调查转变，从平面地质调查向三维地质调查转变。

关键词 地质志 京津冀一体化 城市地质 北京

地质调查所成立于 1913 年（依次有农商部地质调查所、实业部地质调查所和中央地质调查所的名称）。1916 年完成了中国第一部地质学专著《北京西山地质志》（叶良辅等，1920），1927 年翁文灏提出了燕山运动（Wong W. H.，1926），1929 年裴文中发现完整的猿人头盖骨（郭沫若等，1955），1960 年北京地质学院出版《北京的地质》（北京地质学院，1961），1991 年北京市地质矿产局出版《北京市区域地质志》（北京市地质矿产局，1991），2002 年北京实现 1:5 万区域地质调查的全覆盖（吕金波，2014）。迄今已有 100 年的历史，因此北京被誉为"中国地质工作的摇篮"。今后北京要广泛开展城市地质调查，为京津冀一体化协同发展服务。

1 中国学者编写第一部地质调查专著《北京西山地质志》

1913～1916 年，由地质调查所章鸿钊、丁文江和翁文灏 3 位老师培训的叶良辅、赵汝钧、刘季辰、陈树屏、王竹泉、朱庭祜、谭锡畴、谢家荣、马秉铎、卢祖荫、李捷、徐渊摩、全步瀛 13 人在北京西山测制 1:5 万地形地质图（图 1，图 2），写成《北京西山地质志》，章节分为地层系统、火成岩、构造地质、地文和经济地质 5 章，1920 年出版。

2 燕山运动的提出和周口店猿人的发现

20 世纪 20 至 30 年代，北京地质调查最大成果当推"燕山运动"的提出和"北京猿人"的发现。1926 年翁文灏（图 1 右图，前排左 1）根据北京及辽宁北票等地区的调查资料，提出燕山运动代表侏罗纪末、白垩纪初的不整合、火成岩活动和成矿作用，1929

图1 《北京西山地质志》作者在兵马司胡同15号院合影

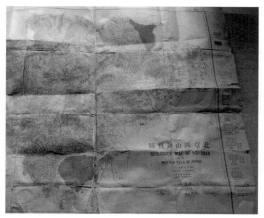

图2 《北京西山地质志》及由1:5万缩成的1:10万地质图

年分为 A、B 两幕；燕山运动不仅形成和改造了中国东部的基本构造格局，也是重要的岩浆活动期和成矿期。1929 年 12 月 2 日裴文中发现第一个完整的北京猿人头盖骨，确立北京猿人为人类发展的一个阶段，使周口店古人类学的研究领先世界（郭沫若等，1955）；1936 年贾兰坡又发现 3 个北京猿人头盖骨。二战期间，周口店猿人遗址先后出土的 5 个头盖骨神秘失踪，再度震惊世界。

3 北京在全国率先实现1:5万区域地质调查的全覆盖

按照国际分幅，北京被 45 幅 1:5 万区域地质调查图幅全覆盖（图3），北京的地质工作者先后开展了两轮 1:5 万区调，第一轮完成 23 个图幅的调查，第二轮完成 44 个图幅调查，仅琉璃河幅未完成调查。

20 世纪 50 年代末至 60 年代初对山区、半山区的永宁、青龙桥、沙峪、昌平、小汤山、赶河厂、密云、高岭、墙子路、怀柔、马家坟、木林、杨镇、大华山、石景山、良乡、四海、琉璃庙、阳坊、白马关、白河堡、汤河口、延庆 23 个图幅进行了第一轮 1:5万区调。统一地层名称，建立北京地层表，划分北京的构造单元。北京地质学院编写成《北京的地质》（北京地质学院，1961）。

1964 年开展第二轮 1:5 万区域地质调查，截至 2003 年，北京市地质矿产勘查开发局

			K50E019010 杨木栅子	K50E019011 喇叭沟门	K50E019012 虎什哈		
		K50E020009 后城	K50E020010 三道营子	K50E020011 汤河口	K50E020012 番字牌		
K50E021007 麻峪口	K50E021008 靳家堡	K50E021009 永宁	K50E021010 四海	K50E021011 琉璃庙	K50E021012 不老屯	K50E021013 高岭	K50E021014 曹家路
K50E022007 怀来	K50E022008 延庆	K50E022009 青龙桥	K50E022010 沙峪	K50E022011 范各庄	K50E022012 密云	K50E022013 墙子路	
K50E023007 大古城	K50E023008 横岭	K50E023009 昌平	K50E023010 小汤山	K50E023011 怀柔	K50E023012 木林	K50E023013 大华山	
K50E024007 沿河城	K50E024008 雁翅	K50E024009 阳坊	K50E024010 沙河	K50E024011 顺义	K50E024012 杨镇	K50E024013 平谷	
J50E001007 上清水	J50E001008 大台	J50E001009 石景山	J50E001010 北京	J50E001011 通县	J50E001012 燕郊		
J50E002007 龙门台	J50E002008 周口店	J50E002009 良乡	J50E002010 大兴	J50E002011 马驹桥	J50E002012 香河		
J50E003007 张坊	J50E003008 长沟	J50E003009 琉璃河	J50E003010 庞各庄	J50E003011 安次	J50E003012 武清		

图 3　北京地区 1:5 万区域地质图国际分幅编号（琉璃河为未完成图幅）

（北京市地质局，1982 年更名北京市地质矿产局，1999 年更名北京市地质矿产勘查开发局）下属的北京市地质调查研究院（图 4，北京市地质局 102 队，1981 年更名北京市地质调查所，2000 年更名北京市地质调查研究院）、北京市地质研究所和北京市 101 队先后完成沙峪、上清水、青龙桥、沿河城、周口店、昌平、小汤山、琉璃庙、范各庄、石景山、良乡、大台、北京、通县、怀柔、不老屯、雁翅、阳坊、永宁、四海、密云、墙子路、高岭、木林、平谷、大华山、龙门台、张坊、汤河口、番字牌、曹家路、三道营子、杨木栅子、喇叭沟门、靳家堡、延庆、大兴、马驹桥、庞各庄、香河、顺义、杨镇、沙河和长沟 44 个图幅的 1:5 万区调，在全国率先实现 1:5 万区调图幅的全覆盖（吕金波，2014）。

1987 ~ 1990 年，北京市地质调查所完成 1: 20 万怀柔县幅区调。

2000 ~ 2003 年，北京市地质调查研究院完成涉及整个北京区域的 1:25 万北京市幅和延庆县幅区域地质调查（吕金波等，2012）。

4　完成 4 幅 1:5 万区调的 1991 版《北京市区域地质志》

1991 版《北京市区域地质志》（北京市地质矿产局，1991）总结的是 1985 年以前的北京区调成果，当时仅仅完成沙峪、上清水、青龙桥、沿河城 4 幅区调，还没有实现 1:5 万区域地质调查的全覆盖，虽然许多地质现象没有总结进去，但这是第一次对北京区域地质的全面总结（图 4，图 5）。

1991 版《北京市区域地质志》篇目分为地层、岩浆岩及岩浆作用、区域变质岩及变质作用、地质构造、区域地质发展史 5 篇。附图有北京市地质图（1：20 万）、北京市岩浆岩图（1：25 万）、北京市地质构造图（1：25 万）。姜守玉、鲍亦冈统稿，周绍林、吴梦源、谢德源、陈瑞琪、萧宗正、李有刚、陈菊荣、郁建华、葛世伟、姚俊英、邓一岗、陈正邦、王兴岩参加文字编写，陈铭强、李玉光、杨启庆、白淑兰、张志敏、卜鼎顺参加图件编制（北京市地质矿产局，1991）。

图 4   1991 版《北京市区域地质志》主要作者姜守玉（右图右 1）和鲍亦冈（右图左 1）

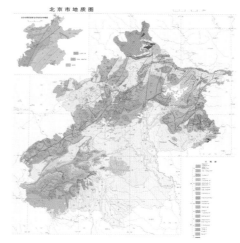

图 5   1991 版《北京市区域地质志》及地质图

5   突出城市特色的第二版《北京市区域地质志》

1991 版《北京市区域地质志》使用资料截止到 1985 年，30 年来，北京的区域地质调查、矿产勘查和专题研究取得了许多新成果，特别是地质大调查实施以来拥有大批新资料、新进展。针对京津冀协同发展建设的需要，应该加强以北京为中心的区域地质集成研究，为城市规划、工程建设、资源利用、环境保护、防灾减灾等提供地质资料，为社会公众提供公益性地质信息。为此，2013～2015 年，北京市地质调查研究院开展了突出城市特色的第二版《北京市区域地质志》的编制。

《北京西山地质志》范围为北至南口，南至周口店，西至斋堂，东至平原（叶良辅等，1920）。1991 版《北京市区域地质志》重点对北京山区进行了总结，亮点是以燕山运动为代表的中生代地质（北京市地质矿产局，1991）。第二版《北京市区域地质志》准备重点对中心城区坐落的北京平原进行总结，亮点是以新构造运动为代表的新生代地质，增加了"城市地质"篇章和《北京市基岩地质图》，以便突出北京的城市地质特色。

5.1 增加"城市地质"篇章

城市地质篇章包括：《水经注》中有关北京地理的科学思想、城市发展沿革、地质遗迹与地质公园、土壤地球化学与农业地质、工程建设层地质条件、地下空间、浅层地温能、地热地质条件、地震地质环境、山区突发性地质灾害对城市的影响、平原区地面沉降和地裂缝对城市的影响。

为进一步突出北京编志特色，梳理特大城市区域地质工作重点，在补充城市地质篇章内容的同时，增编《北京市活动断裂与地质灾害分布图》。为城市规划和科学布局提供地质学方面的支撑。

5.2 突出新生代地质内容

对北京平原新生代地质进行总结，对中更新世以前沉积的地层，按照不同新生代凹陷单元进行理论分析和总结。对晚更新世以来沉积的地层进行较细致地研究，以便为城市建设提供区调资料。

5.3 凸显平原区基岩地质表达

工作重点放在平原区基岩地质图的编制上，研究深覆盖区基岩与山区裸露基岩的对接关系，合理划分深覆盖区基岩地质与构造。

收集30年来的钻孔（以地热孔为主）和物探剖面资料，在编制若干北西–南东和北东–南西两个方向剖面的基础上，修编北京平原（包括延庆盆地）基岩地质图。为进一步研究山区和平原整体构造格架奠定了基础。

5.4 对前寒武纪地质重点总结

根据最新的研究成果及同位素年龄资料，对密云县与怀柔区的变质岩进行重新划分，将原密云群表壳岩进一步分解为密云群和四合堂群，将部分原被认为是原地重熔的古老侵入岩（原沙厂片麻岩）恢复为表壳岩。

5.5 注重与新版《河北省区域地质志》的衔接

注意与新版《河北省区域地质志》有关内容的衔接与融合。针对京津冀区域一体化协同发展的国家战略需求，加强京津冀地区区域地质调查集成研究。

6 经济发展新常态下首都地质调查工作的创新发展

首都地质工作的重点是城市地质，工作目标是为北京城市规划、工程建设、资源利用、环境保护、防灾减灾等提供地质资料，为社会公众提供公益性地质信息，为实现京津冀区域一体化协同发展提供地质学方面的技术支撑。为此，北京市地质矿产勘查开发局实施"两个工程、一个系统（平台）"战略，正在建立"8个监测预警系统"（图6）。

围绕"8个监测预警系统"，正在构建"首都地质资源环境承载能力监测预警平台"。

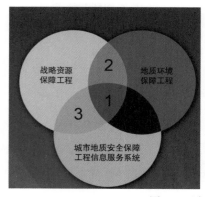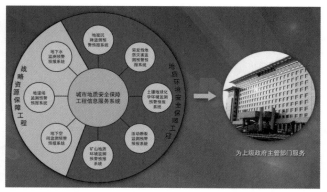

图6 两个工程、一个系统及8个监测预警系统

地质资源环境承载能力是国土空间规划、城市规划、产业规划的基础支撑和先决条件。地质资源主要包括土地及地下空间资源、水资源、清洁能源（地热资源、浅层地温能资源和再生水热能利用）。地质环境主要包括土壤地质环境、地下水环境、地温场利用以及突发地质灾害、缓变地质灾害对地质环境的影响（北京市地质矿产勘查开发局，2014）。

党的十八大提出了生态文明的口号，中央提出了京津冀一体化协同发展的路线，随着京津冀一体化中心首都经济的快速发展，城市规模不断扩大，对地下空间的扰动不断加大，由此带来的地质环境问题日益突出。今后要加强与城市紧密相关的新生代地质调查，解读《水经注》中有关北京地理的科学思想，分析北京3000多年建城史与800多年建都史的古代风水学思想，应用现代地质学理论，建设一支为京津冀一体化协同发展服务的城市地质队伍，力争从地质找矿为中心向地质环境为中心转变，从资源地质向多参数地质转变，从平面地质调查向三维地质调查转变。在传承摇篮地区地质调查优良传统的同时，实现北京地质调查工作的创新发展。

参 考 文 献

叶良辅等 . 1920. 北京西山地质志［M］. 地质专报（甲种第1号）：1~92

Wong W. H. Crustal movements and igneous activities in eastern China since Mesozoic time 1927［J］. Bulletin of the Geological Society of China,（6）：9~37

郭沫若等 . 1955. 中国猿人第一个头盖骨发现二十五周年纪念会报告专集［M］. 北京：科学出版社

北京地质学院 . 1961. 北京的地质［M］. 北京：北京出版社

北京市地质矿产局 . 1991. 北京市区域地质［M］. 北京：地质出版社

吕金波 . 2014. 北京地区基础地质研究史［J］. 城市地质，9（3）：8~13

吕金波等 . 2012. 北京市幅（J50C001002）1:25万区域地质调查［J］. 中国科技成果，（19）：40~42

北京市地质矿产勘查开发局 . 2014. 首都地质资源环境承载能力监测预警平台工程分布图［R］. （1）

经济发展新常态下地质调查工作的创新发展

——以地质环境服务产品流程化探索为例

任晓霞

（中国地质环境监测院　北京　100081）

摘　要　为适应经济发展新常态下地质数据更新与应用服务工作的新需求和贯彻落实 2015 年全国地质调查工作会议精神，本文以地质环境服务产品流程化探索为例，介绍了产品流程化的总体思路和实现手段。结果表明，地质环境服务产品流程化将科技创新驱动发展战略应用到地质调查实际工作中，对地质数据更新与应用服务工作的地质资料产品一体化具有指导意义，从某种角度上体现了地质调查工作在经济发展新常态下的创新发展。

关键词　地质环境　服务产品　产品流程化

地质调查工作在经济发展新常态下将面临新形势和新任务，而 2015 年全国地质调查工作会议上的报告中就对落实未来六年地质调查工作部署提出了总的要求："深入贯彻党的十八大和十八届三中、四中全会精神，全面贯彻落实国土资源工作会议部署，主动适应经济发展新常态，以服务国家重大战略和国土资源中心工作为重点，以九大计划为平台，以管理创新、机制创新和科技创新为动力，聚焦国家重大需求，推动结构调整，着力提升能力，为经济社会发展和国土资源中心工作提供坚实支撑。"总的要求为地质调查工作明确了工作目标，落实了新常态下的地质调查工作近期任务。

"地质数据更新与应用服务计划"作为九大计划之一，部署为"以综合采集、加工、处理各类信息为主要手段，开展基础地质数据更新与集成、地质大数据与信息服务，形成符合用户需要信息产品，及时有效提供地质资料信息服务"。为此，探索地质资料产品一体化方法尤为重要。

本文以地质环境服务产品为例，介绍从原始资料到服务产品的生产过程以及可实现的手段。

1　地质环境服务产品介绍

1.1　公共服务产品定义

根据公共经济学理论，社会产品分为公共产品和私人产品。按照萨缪尔森在《公共支出的纯理论》中的定义，纯粹的公共产品或劳务是这样的产品或劳务，即每个人消费这种物品或劳务不会导致别人对该种产品或劳务的减少。而且公共产品或劳务具有与私人产品或劳务显著不同的 3 个特征：效用的不可分割性、消费的非竞争性和受益的非排他性。而凡是可以由个别消费者所占有和享用，具有敌对性、排他性和可分性的产品就是私人产品。介于二者之间的产品称为准公共产品。

1.2 地质环境服务产品分类

按照公共服务产品理论，地质环境服务产品可分为公共、非公共、准公共 3 类产品。公共产品，由国家出资，可提供给政府、企业、社会公众使用，如水工环地质图及其说明书；非公共产品，谁出资谁受益；准公共产品，特性介于公共与非公共产品之间，这类产品，国家可以开放为公共地质环境产品，提供给社会大众使用，也可以通过拍卖、转让给特定部门或企业、个人，转化为非公共地质环境产品。

按照中国地质调查局成果服务产品参考目录，将地质环境服务产品划分到地质数据库、地质图件、资料文献、技术方法、仪器设备和技术标准此 6 类中。产品类别有数据库类型、图件类型、报告、统计报表等。

2 产品流程化的总体框架

2.1 总体思路

制作地质环境服务产品分为收集资料、产品开发设计、数据处理与建库、产品制作与地图整饰、产品测试、产品元数据采集和使用说明书、产品验收 7 个阶段。每个阶段具体工作说明如下：

（1）收集资料

收集本专业各类资料，包括纸质版本、电子版本等。对于纸质版本需要扫描矢量化；对于电子版本需进行数据格式转换等处理。

（2）产品开发设计

产品开发设计包括产品综述、已有产品收集、产品开发研究区现存资料情况、产品使用对象需求分析、产品主体（格式、载体）、产品服务方式、产品价值评价、产品使用调查和总结等。此阶段每个步骤都需要以文字或者表格进行描述补充，以规范产品开发文档。如产品使用对象需求分析阶段可设计产品需求表对用户进行调研，将调研结果形成文档作为资料进行分析。

（3）数据处理与建库

对收集到的资料进行处理，主要包括数字化、数据转换、建立数据库等操作。具体进行哪些操作视资料而定，比如对于纸质资料则需要进行数字化工作；数据坐标格式不一致等需要进行数据转换工作。

（4）产品制作与地图整饰

地质环境服务产品多数为地图服务类产品，因此产品制作过程包括对地图产品进行地图表达及符号化等地图整饰操作。对于其他类型产品不需要地图整饰工作。

（5） 产品测试

对产品质量是否合格、产品是否符合需求等项进行测试。产品质量测试可遵循现有标准，主要包括标注是否合理，比例尺、空间拓扑是否一致等。测试方式包括自查、互查、审查等。

（6） 产品元数据采集和使用说明书

对产品元数据进行采集，编写产品的元数据内容，如投影方式、坐标格式、产品名称、原始数据、比例尺等。产品测试合格后提交元数据作为产品发布。

产品使用说明书，对产品适用对象、产品载体、产品功能等进行描述。

（7） 产品验收

对产品质量进行测试，如产品专业内容、图面审核、产品数据结构、数量等审核。

2.2 实现手段

产品流程化的 7 个阶段中所使用的文档或者相应的软件工具，可制定相应文档模板和使用标准来规范产品生产过程。对于可自动化部分的功能可定制专门工具软件来完成产品制作。产品制作核心流程如图 1 所示：

图 1 地质环境服务产品制作核心流程示意图

地质环境服务产品的制作过程包括：基础数据选择、专业模型选择、参数设定、数据处理和产品输出等部分。首先根据产品性质，从数据库中调取相应的业务数据和本底数据，进行专题数据加工、汇集、整理、分析、挖掘，将数据处理过程抽象为专业模型，将用户需求抽象为模型的参数，通过产品辅助制作工具或者现有的 GIS 软件，如 ArcGIS、MapGIS 等工具的主流功能，对产品进行表达。

产品制作功能可定制产品辅助制作工具，用来实现如上功能，即从基础数据、专业模型处理、产品参数设定等功能来完成产品的表达。常用 GIS 软件，如 ArcGIS 则使用它的地图表达等功能进行产品的表达。

3 结束语

地质环境服务产品流程化对于规范地质环境产品生产有着重要理论指导意义，在生产流程的具体实施中需要相关的政策制定标准规范来支撑保障生产过程的顺利推进。随着地质环境业务数据的增多，产品流程化提供了从原始数据到产品制作的一种解决方案。

参 考 文 献

高爱红，庞振山，颜世强 . 2013. 地质资料服务产品分类 ［J］. 中国矿业，22（4）：23~25

戴勤奋，田淼，蓝先洪等 . 2011. 海洋区域地质调查成果图的规范化生产流程 ［J］. 海洋地质与第四纪地质，31（2）：153~158

谢世勤，柴微涛，江浏光艳等 . 2014. ArcGIS 制图表达在地图制图方面的应用 ［J］. 水土保持应用技术，（2）：11~13

王洪站，马燕燕，张振涛等 . 2008. 基于 ArcGIS 的专题地图制图方法综合研究 ［J］. 城市勘测，（4）：47~49

我国高校生态文明主流价值观教育思考

黄 娟 石秀秀

（中国地质大学 武汉 430074）

摘 要 《关于加快推进生态文明建设的意见》提出"弘扬生态文明主流价值观"新要求，这就需要学术界对高校生态文明主流价值观教育进行思考和研究。本文结合我国高校生态文明主流价值观教育实际，分析了我国高校开展生态文明主流价值观教育的重要意义、存在问题与主要对策，旨在为我国高校有效开展生态文明主流价值观教育，进而培养更多优秀生态文明建设者和接班人提供有益参考。

关键词 生态文明 主流价值观 价值观教育 高校教育

2015 年 4 月，中共中央国务院正式出台《关于加快推进生态文明建设的意见》，首次提出"弘扬生态文明主流价值观""使生态文明成为社会主流价值观，成为社会主义核心价值观的重要内容""把生态文明教育作为素质教育的重要内容"等新要求。作为培养生态文明建设者和接班人的重要载体，高校必须高度重视生态文明主流价值观教育。本文对我国高校开展生态文明主流价值观教育的重大意义、存在问题与主要对策进行思考与研究，这将对我国高校开展生态文明主流价值观教育理论研究与实践探索具有重要意义。

1 高校开展生态文明主流价值观教育的重要意义

生态文明建设是一个长期的过程，涉及人们生态文明价值观的更新，进而引起人们生活方式、行为方式、思维方式等变革和新的绿色理念、生态理念的形成。高校生态文明主流价值观教育是生态文明教育的关键一环，应以生态文明主流价值观教育为核心开展生态文明教育，通过生态文明教育使生态文明成为大学生的主流价值观。

1.1 高校是弘扬生态文明主流价值观的重要场所

高校是培养社会英才的摇篮，是培育优秀思想文化的基地，作为先进思想文化产生的前沿阵地，在生态文明建设中，高校应充分发挥其特有的辐射功能和示范作用，高校生态文明教育的重要任务就是对大学生进行生态文明主流价值观的培养，包括绿色生态价值观、绿色生产价值观和绿色生活价值观，使他们成为宣传和践行生态文明的主力军和生力军，所以，高校生态文明主流价值观教育，不仅能促进其自身的全面发展，更是对社会大众进行生态文明意识培养的必然前提。

1.2 大学生是践行生态文明主流价值观的重要群体

大学阶段是大学生世界观、人生观、价值观确立养成的重要阶段，大学生又具有可塑性强的特点，这是从个人走向社会的准备时期，也是生态文明主流价值观形成和发展的关键时期。大学生作为社会青年群体的一部分，担负着未来推动社会发展和实现民族伟大复兴的历史使命，是未来国家建设的预备力量和中坚力量，既是接受生态文明主流价值观教育的客体，又是践行生态文明主流价值观的主体；既是生态文明主流价值观的主要承载者，又是生态文明主流价值观的传播者，他们生态文明意识的强弱与生态文明素质的高低直接影响着整个社会的生态文明水平的高低。建设美丽中国，需要生态文明主流价值观提供智力支持，"理论一经群众掌握，也会变成物质力量"，大学生群体的地位与作用决定了注重与强化对大学生群体的生态文明主流价值观教育具有举足重轻的意义。

2 我国高校开展生态文明主流价值观教育的主要问题

与欧美发达国家的高校相比，我国高校生态文明教育起步较晚，发展不平衡，远远不能满足生态文明建设需要，并且存在诸多问题，生态文明教育的问题直接关系到生态文明主流价值观教育的实效性，生态文明教育中存在的问题也就折射出生态文明主流价值观教育面临的问题。

2.1 重知识教育轻价值观教育

只注重知识性的教育而缺乏观念性的教化，导致对于环境保护的理解，很多人还只是停留在概念的认识上，环境意识以及生态观念淡薄，处于待建立的状态，很多环保行为比较功利化，大多是为了完成活动而环保，而生活中盲目攀比、追求名牌、乱扔乱倒、奢侈浪费、破坏环境的现象却时有发生，"高校开展生态文明教育，与其说是生态知识的普及教育，不如说是一个生态感养成、生态感认同的教育过程"。缺乏观念教育容易导致生态文明教育的结果与预期目标严重不符，使生态文明教育丧失实际意义。

2.2 重生态教育轻生态文明教育

就目前而言，我国高校生态文明教育并没有得到足够的重视，即使开展了一定的生态文明教育也比较缺乏实效性，我国目前尚未设置专门的生态文明学科，更不用说专门的涉及生态文明价值观教育的学科了，当然也没有专门的生态文明教育师资力量。而且大多将生态文明教育简化为生态教育或环境教育，或者说从环境教育到生态文明教育，尽管提法发生了改变，但实际内容还停留在环境教育的阶段而没有适时地完善和丰富生态文明教育的内涵。

2.3 重专业教育轻通识教育

据调查，目前非生物、环境专业开设与生态相关的选修课的院校占全国高校总数的10% 左右，接受教育的学生人数也只占很小的比例，没有面向所有学生。高校目前开展的生态文明教育，大多只是作为环境科学、哲学和伦理学等专业教育的一部分。然而，在国外又是怎样一种情况呢？20 世纪 60 年代末，生态教育（ecological education）应运而生。美国率先将其引入学校教育，随后，原苏联、日本、原联邦德国等也相继开展了学校生态教育。可见，我国的生态文明教育还处在教育的误区里，缺乏对其基础性作用的认识，生态文明教育的定位尚不明确。

2.4　重课堂教育轻环境熏陶

进教材进课堂却没能进头脑，进头脑却又未能落实到实践之中，生态文明主流价值观教育应成为生态文明教育的基础内容，生态文明行为的养成需要生态文明主流价值观的内化，内化不仅需要个人的努力，还需要外在环境的熏陶。而我国的生态文明教育却严重地忽视了对校园生态文化的建设，忽视了文化环境对生态文明主流价值观的涵养渗透作用。重课堂教育却也过于死板传统而缺乏新意，校园生态文化的缺位，也是一个重要并亟待解决的问题。

2.5　重理论教育轻实践教育

据 2014 年 2 月《全国生态文明意识调查研究报告》数据显示，专科或本科、硕士及以上两类高学历群体的生态文明知晓度得分比其他群体平均高出 1.5 分以上，但践行度得分甚至低于小学及以下群体，这说明高学历人群知晓度高、践行度相对较低，知行存在严重反差，大学生对生态文明认知不够全面和深刻，不能内化为自身的生态文明素质和行为，因此我国高校生态文明教育存在的一个重要问题是重理论轻实践。生态文明主流价值观是理论化、体系化的生态文明意识，生态文明意识存在，但是生态文明主流价值观还尚未建立起来，没有内化于心，何谈外化于行。

3　加快推进我国高校开展生态文明主流价值观教育对策

应借鉴国外高校生态文明主流价值观教育方面的成功经验，针对我国这方面存在的现实问题尝试提出一些改进对策，改变高校生态文明主流价值观教育不到位甚至缺位的现状，促进高校生态文明主流价值观教育的完善以及生态文明教育的发展。

3.1　建立生态文明学科，完善生态文明教育体系

面对环境教育在转向生态文明教育过程中的问题，必须意识到，主流价值观教育不是空洞地提要求，而是需要借助生态文明教育的载体来达到教化的目的，我国有关生态文明教育的研究起步较晚，具体的有针对性的生态文明教育到现在还是极为缺乏。而美国对于学生的生态价值观教育却十分重视，开设有相关课程并选用专业的教材如生态史等。所以这就要求各级教育主管部门和学校领导率先树立起生态文明主流价值观，在课程设置、师资配备、经费投入等方面给予充分支持，使学生们意识到生态文明主流价值观建立的重要性和紧迫性；切实根据不同专业、不同层次的学生开设与之相适应的生态教育公共必修课，例如对理工科学生而言可以相应地开设生态学、环境工程技术等公共必修课，对文史类学生而言可以开设生态伦理学、生态文化学等方面的课程，将生态文明教育纳入到高等教育课程体系中，组织相关领域专家编写教材，使之成为通识教育的必修内容；将生态环保纳入到对学生的考评体系之中作为一项重要的考量指标，通过正向的引导，帮助学生有意识地提高生态文明的意识与素养，从而逐步建立生态文明主流价值观。

3.2　加强思想政治教育，渗透生态文明价值观念

加强生态文明教育的通识教育以及强化生态文明价值观念教育，在思想政治教育课程中加强对大学生生态文明主流价值观教育势在必行。"从理论上讲，生态价值观是思想政治教育的应有内容；在实践层面讲，培育生态价值观是思想政治教育的现实责任"。高校思想政治教育课程，承担着对大学生进行系统的马克思主义理论教育的任务，是对大学生进行思想政治教育的主渠道。思想政治教育课程具有课时多、跨度长、对象广的特点，又是必修基础课，其影响面之广、影响时间之长是其他公共课所无法比拟的，因而，应整合和凸显生态文明教育资源，对其做专门论述，而且要在思想政治理论课程教材中统一规范表述。此外，还应开发潜在的生态文明教育资源，如在《中国近现代史纲要》中适时补充类似生态文明建设史等方面的内容。生态文明主流价值观教育是在生态文明教育的过程中进行的，开发利用生态文明教育资源，开展和渗透生态文明主流价值观教育，既是生态文明赋予高校思想政治教育课程的历史使命，也是我国实施生态文明教育的重要途径。同时，改进教学方式，摒弃传统的灌输式和填鸭式，注重方法和策略的选择，往往能够更好地促进生态文明的理念在大学生群体中的"内化"与推崇。

3.3　顺应生态文明潮流，推动校园生态文化建设

为了解决重知识教育轻环境熏陶的问题，必须认识到，生态文明主流价值观不仅是生态文明的重要组成部分，也是先进文化的具体体现，更是人文素质的一种表现，要加强高校生态文明主流价值观教育，必须要推动校园生态文化建设，所谓"润物细无声"，建设校园生态文化，从生态系统观的角度来看，一个学校就是一个生态子系统，在学校中建立起相互尊重的人际关系、爱树惜草的良好传统、陶冶人文精神的校园景观，对于生态文明主流价值观教育具有极其重要的作用。学校的校容校貌反映的是一个学校整体精神的价值取向，是具有引导功能的教育资源；校园文化作为一种环境教育力量，对学生的健康成长有着巨大的影响，校园文化具有极强的渗透性，渗透在学生的观念、言行、举止之中，渗透在他们的科研、读书、做事的态度和情感中，一旦校园文化里融入了生态文明的因素，对于生态文明主流价值观的培育和教育助力不小。推动校园生态文化建设主要可以从以下几个方面入手：第一，充分利用校园新媒体、课堂教学、社会实践、党团活动等各种形式，开展丰富多彩的生态文明知识宣传普及活动；第二，利用学校师资和科研的优势，结合学校特色，积极开展生态文明相关课题的研究，以科技创新推进生态文明的进程，使大学生能够切身感受高校生态文化创新对社会生态文明发展的推动作用；第三，学校加强基础建设、绿化建设投入，加强生态校园建设，增强生态校园文化氛围，努力构建生态的校园环境，赋予"生态"以"绿色"的内涵。从看得见的到看不见的细微处着手，从心理学的角度上来讲，会强化人们关于这个方面的意识，也就是潜移默化。

3.4　鼓励生态文明实践，开展生态文明创建活动

"纸上得来终觉浅，绝知此事要躬行。"高校不仅通过思想政治教育帮助大学生确立生态文明主流价值观，而且通过生态文明教育的实践活动使大学生深入理解生态文明的内涵，鼓励他们身体力行参与到生态文明创建活动中去。单纯从教育学的原理来看，基于一

种理论知识上的客观实践活动，往往能够使得受教育者在多种感官上对所学知识进一步地巩固与加深印象。生态文明主流价值观只有落实到实践中才能彰显它的生命力，否则就是毫无意义的空话。生态文明行为和习惯的养成要求在生态文明教育中充分利用各种实践活动来强化生态文明主流价值观，内化于心而后外化于行，如此才能凸显实效性。第一，"组织好世界地球日、世界环境日、世界森林日、世界水日、世界海洋日和全国节能宣传周等主题宣传活动。"组织学生在校园和社区开展系列生态环境保护活动，使大学生生态文明素质在各种实际活动中得到提高。第二，充分利用大学生社团的优势，例如可以通过成立大学生环保社团、环保协会等，开展系列丰富多样的生态环保活动，提高大学生的生态文明意识及生态文明建设的自觉性。第三，开展寒暑期社会实践活动，组织大学生到企业、社区和乡村，开展生态环境情况调研，宣传生态环境保护法律法规。使大学生在实践中感知、反思，并上升为生态文明的自觉行为，从而带动更多人加入到生态环境保护的行动中，推动全社会生态文明意识的提高与生态文明主流价值观的树立。

参 考 文 献

中共中央关于加快推进生态文明建设的意见 . 2015. ［N］. 人民日报，05～06（1）

姬翠梅 . 2014. 高校生态文明教育的时代价值［J］. 山西高等学校社会科学学报，（3）：34～37

吴宝明 . 2012. 大学生生态文明教育的主要内容和实施途径［J］. 机械职业教育，（12）：39～41

李飞 . 2015. 思想政治理论课教学开展生态文明教育的探索［J］. 中国林业教育，（1）：45～48

全国生态文明意识调查研究报告［EB/OL］. 2014. 中华人民共和国环境保护部，03～25

黄娟 . 2010. 高校思想政治教育课程开发利用生态文明教育资源的思考［J］. 高等教育研究，（12）：77～81

张保伟 . 2012. 生态价值观与思想政治教育的生态化创新［J］. 河南师范大学学报（哲学社会科版），（1）：236～239

新时期地质文化的传承与创新之我见

崔熙琳　堵海燕

（中国地质调查局地学文献中心　北京　100083）

摘　要　本文分析了新时期加强地质文化的必要性，强调要坚持做好传承与创新，通过在精神上传承、在内涵上创新；在队伍建设上传承、在教育方式上创新；在文化繁荣上传承、在打造精品上创新；在文化特性上传承、在形式载体上创新的方式，加强对地质文化的建设，为地质调查事业的发展注入源源不断的活力。

关键词　地质文化　传承　创新

文化作为中华民族凝聚力和综合竞争软实力的主要载体，作为结构调整和转型发展的拉动力量，承载着人民的殷切期望。地质文化是社会主义先进文化的重要组成部分，是推动地质调查事业全面协调可持续发展的强大精神动力。以"三光荣"和"四特别"精神为突出特点的地质文化，在地质调查事业的改革发展中发挥了历史性作用。

1　新形势、新常态要求地质文化建设不断创新和发展

随着经济社会的快速发展，地质调查工作的先行性、基础性、战略性地位日益凸显，文化与地质工作发展相互交融，文化的交流与传播日益频繁，各种思想文化相互激荡，员工思想空前活跃，地质工作与地质文化发展面临前所未有的机遇与挑战。大力加强地质文化建设，已成为全面提高地质调查队伍创新能力和管理水平的迫切需要，成为创建"世界一流地调局"的必然选择，成为推动地质调查事业科学发展、增强竞争软实力的战略举措。以更大力度推进文化改革创新，目前已成为事关大局的发展要务。

但是，在积极创新的同时，应该注重把握好传承与创新之间的关系。保持和发展地质文化的优良传统，同时实现地质文化的与时俱进和开拓创新，是关系地质事业持续健康发展的重大问题。

因此，在新形势、新常态要求下，广大地质调查单位围绕中心、服务大局，不断提升地质调查工作软实力和核心竞争力，坚持把地质文化建设融入地质调查事业改革发展全过程中。即继承优秀文化传统，系统开展地质文化建设，形成特色鲜明、积极向上的核心价值理念和行业精神，构建具有鲜明时代特征和行业特色、实践内涵丰富的新时期地质文化，提高地质调查队伍文化素质，增强队伍的凝聚力和战斗力；进一步完善文化建设制度和措施，推进文化阵地建设；地质文化成果不断推陈出新，品牌知名度和美誉度得到提升，社会影响力不断扩大，为地质调查工作的改革、发展、稳定提供强有力的文化支撑。

2　在精神上传承，在内涵上创新

2.1　传承优秀传统文化

要在新时期继承和弘扬以献身地质事业为荣、以找矿立功为荣、以艰苦奋斗为荣的"三光荣"精神和特别能吃苦、特别能战斗、特别能忍耐、特别能奉献的"四特别"优良传统，继续激发地质工作者吃苦耐劳、拼搏进取、开拓市场、在艰苦的环境中立于不败之地的信心和勇气。

2.2　培树时代核心理念

只有永远保持创新的精神，才能谱写新时代民族文化的新篇章，赋予其新的内涵和活力。要深入挖掘新形势下的地质文化内涵。总结地质调查行业优秀的文化建设成果，培育和提炼既具有时代特征又富有地质调查特色的核心价值理念，深入开展理想信念教育、核心价值观教育和职业道德教育，大力倡导和丰富"热爱祖国，追求真理，开拓创新，无私奉献"的以"青藏精神"为代表的地质行业精神，努力实现"建设世界一流地调局"的建局目标、坚持"业务立局、事业兴局"的建局理念和"求真务实、开拓创新、廉洁高效、服务一流"的地质调查工作职业道德等一系列富有地质调查特色的核心理念，不断丰富地质文化内涵，切实发挥地质文化在地质调查工作中统一思想、统一行动、凝聚力量、凝聚共识的重要作用。

2.3　打造个性特色文化

各单位要强化意识，结合实际，在深刻领会新时期地质行业精神和核心内涵的基础上，以地质调查核心价值理念为引领，提炼总结不同层面、不同类型的具有凝聚职工队伍且特色鲜明的单位价值理念、职业道德、行为规范和团队精神，形成各具特色的勘探文化、施工作业文化、科研文化、管理文化、人才文化、廉政文化、安全文化、质量文化、服务文化等多元化、多层次的地质文化的子文化，建设各系统、多层次、多元化和各具特色的地质文化。

3　在队伍建设上传承　在教育方式上创新

3.1　强化教育培训

以"人员精干、结构合理、装备精良、能承担重大任务"为目标，把干部职工地质文化素质的培训和提高纳入局党组及各单位班子学习和干部培训计划中，以文化教育培训为路径，充分发挥上下、内外的各种优势，通过集中学习、专题讲座、研讨交流、网络学习等方式，分层次、分重点定期组织学习，加强核心价值观教育、理想信念教育和文化素养培训等，全面提高干部职工文化素质，不断提高地质调查队伍科学管理的效能和水平，建精建强一支用科学理论武装、具备科学文化知识和创造力的新时代中央公益性地质调查队伍。

3.2　推进学习型组织建设

各单位要积极开展学习型组织建设，把创建学习型组织作为单位发展的强烈追求和文化建设的重要内容。通过开展"创建学习型机关""争做学习型人才"，举办学习报告会、"读书月"、知识竞赛等活动，推动全员学习，激发职工群众学习热情。

4　在文化繁荣上传承　在打造精品上创新

4.1　培养人才力量

以中国地质调查局文联为主力军，着力推进和完善局文联、局合唱团等文学艺术团体建设，加强引导和培训，建设一支由文学艺术创作、宣传教育、新闻出版和网络传媒等组成的，专群结合、德才兼备的地质文化人才力量，创造具有地质调查特色的文艺精品节目，充分发挥其在地质文化建设中的骨干带头作用。

4.2　创作文化精品

结合地质调查中心工作，坚持把塑造先进典型、创作优秀作品作为重要任务，深入野外一线，深度挖掘，创作一批具有地质调查特色的影视、文学、艺术等文化精品，全面展示地质调查工作者献身地质调查、服务社会的奉献精神和时代风采。对优秀文化作品、特色创建活动进行奖励，充分调动单位和个人参与文化建设的积极性、主动性和创造性。建立地质文化精品库，扶持并公开出版具有地质调查特色的优秀文化精品。

4.3　培育先进典型

培树地质调查精神示范和行为标杆，集聚地质调查正能量，塑造一批既坚持弘扬"三光荣"传统，又能够乐于奉献、开拓进取、创新发展的先进典型，以点带面，推动全局，不断增强和扩大先进典型的影响力和感染力，为地质调查事业的改革发展树立新旗帜。

5　在文化特性上传承　在形式载体上创新

紧密围绕地质调查工作总体部署和文化建设的主要任务，把握文化的渗透性特点，整合现有文化资源，统一规划，统一部署，加强协作，形成合力，丰富文化载体，搭建繁荣地质文化建设的平台，增强地质文化的吸引力、感染力和影响力。

5.1　文体活动多元化

要积极组织文艺骨干和爱好者，开展文学、摄影、书法、戏曲、小品、绘画、音乐、舞蹈以及微电影等文艺创作和比赛评奖活动，鼓励进行短小精悍且思想性、艺术性和观赏性俱佳的公益广告、微电影等的创作、征集、评选、展演、展览，积极组织文化讲座、论坛交流、培训教育，文化观影、读书荐书等一系列丰富多彩的文化交流活动和形式多样、健康有益、特色鲜明的群众性业余文化体育活动；大力开展爱国主义教育和传统文化教育，传播科学知识，弘扬科学精神，提高广大员工识别和抵制腐朽思想、封建迷信、伪科学的能力，营造健康、祥和、温馨的文化氛围，满足员工求知、求美、求乐的精神文化需求，使职工群众在活动中受教育、在参与中受锻炼，增强队伍凝聚力。

5.2 媒体传播多向化

充分利用中央主流社会媒体和《国土资源报》《中国矿业报》《国土资源科普与文化》《中国地质调查》等行业媒体报刊，利用互联网、微博、QQ 等新型传媒和短信（手机报）、微信等现代通讯方式，以及宣传册、报告文学等出版物，多向传导、多管齐下，强化宣传推介，扩大地质文化的有效覆盖面和影响力，提升地质调查品牌的知名度和名誉度。

5.3 场馆建设多样化

完善职工培训中心、传统教育基地、科普基地、职工文化体育场所、展览馆、图书馆、阅览室、"职工之家"等不同类型企业文化设施，充分利用单位空间如大厅、办公走廊、食堂、电子显示屏、宣传橱窗，建立文化专区，进行动态宣传展示。建设综合性文化服务中心，推动群众文体活动蓬勃开展，助力地质文化建设。

5.4 形象宣传多面化

在形象宣传和推广使用中，引入视觉识别系统，准确规范、完整使用局徽等标识标志。对现有机构名称、徽志、旗帜、报刊等标识进行统一管理，对地质调查车辆、装备等方面逐步使用统一标识，展示地质调查整体形象和风貌。

参 考 文 献

中央宣传部、中央文献研究室组织选编 . 2012. 论文化建设——重要论述摘编 [M]. 北京：学习出版社、中央文献出版社

史静，章茵，崔熙琳等 . 2014. 国土资源文化建设现状研究 [M]. 北京：地质出版社

崔熙琳 . 2013. 地质文化应从"实"建起 [J]. 中国国土资源经济（7）：70～72

新常态下地学文化发展探讨

王 莉 黄 磊

（中国地质调查局地学文献中心 北京 100083）

摘 要 人类的经济活动从一开始就和文化紧密相关，二者相辅相成，相互促进。目前，我国经济发展进入中高速、优结构、新动力、多挑战的新常态阶段，这就要求我们必须以新的理念认识新常态下的文化发展环境，以新的方式适应新常态下的文化转型。地学文化作为文化的重要组成部分，肩负着促进文化发展繁荣的光荣使命，理应在转型发展中找准位置，选好路径，精准发力，以科学务实的态度和勤勉认真的作风传承和弘扬地学文化，助力经济社会的永续发展。

关键词 新常态 地学文化 发展 探讨

文化是一个民族的灵魂，是人类的精神家园，文化实力和竞争力是国家富强、民族振兴的重要标志。党的十八大确立了文化强国建设策略，有力地推动了文化的发展与繁荣。但是文化不是孤立存在的，文化的繁荣离不开经济发展的强力支持。它们就像"车之两轮""鸟之双翼"，共同推动着社会的健康有序发展。

地学文化是人类认识、把握、开发、利用地球，调整人与地球关系的一门学科，它作为优秀民族文化的重要组成部分，承载着资源环境教育、资源危机预警、人地关系反思等文化使命。

从经济新常态大背景来看，经济增速放缓必定会对文化建设产生一定影响。比如文化消费习惯和消费能力，文化业态的建设和发展速度等。在此情况下，更加自觉主动地引领推动文化新常态就显得尤为重要。广大的地学文化工作者，面对新常态下的地学文化建设，要敢字当头、勇为人先，秉持责任感、使命感，主动在大局下思考，唱响主旋律，发出好声音，为地勘行业的改革发展稳定营造良好舆论氛围、提供文化支撑。

1 准确把握新常态下地学文化发展的新形势

1.1 产业结构调整为文化产业发展提供了空间

受全球经济持续低迷的影响和我国人口、资源、环境等因素的制约，我国经济出现了产能过剩、质量不高、结构失衡、资源紧张、环境污染等一系列的问题，需要通过促改革，调结构来解决这些深层次矛盾。

推动产业结构迈向中高端，表明了政府的改革决心，更是稳增长、惠民生的重要途径。提升中国制造的竞争力、消化过剩产能的战略目标，为文化的发展提供了广阔的空间。而作为经济社会的高端产业形态，文化产业具有能源、资源消耗少，环境污染少，附加值高的特点，不仅可以成为经济转型升级的最佳选择，也是促进国家转型发展，增强文化竞争力的重要推手，发展的潜力十分巨大。

地学文化的发展要把握好产业结构调整的机会，推动快速反应，主动出击，创作出形式多样、内容丰富、寓教于乐的地学文化作品，增加文化的附加值，推动创意文化的发展。

1.2 消费结构优化升级为文化产业发展提供了机遇

投资、出口、内需是经济发展的三驾马车，而消费作为最重要的内需之一，其结构特点往往决定着一个产业的兴衰。在很长一段时间内，我国的居民消费主要集中在快速消费品领域，内涵丰富的文化消费需求相对较低。

在四个全面的战略布局下，我国经济发展方式发生了明显的转变，进入了新常态发展模式，这必然渗透、影响文化发展的理念与举措。在模仿型、排浪式消费阶段基本结束，个性化、多样化消费渐成主流的条件下，文化发展的政治经济生态必然改变，这无疑是文化产业发展的最佳时机之一。

地学文化的发展需要一个漫长的过程，地学文化工作者要着眼于地学文化的引导和教化作用，逐渐改变公众的消费观念和消费习惯，促进大众文化消费，繁荣文化市场。

1.3 新型城镇化建设为文化产业发展提供了平台

新型城镇化建设是构建社会主义和谐社会的一项重大战略任务，而文化又是新型城镇化建设的核心要义。《国家新型城镇化规划（2014～2020年）》（简称《规划》）提出"注重人文城市建设"，强调"发掘城市文化资源，强化文化传承创新，把城市建设成为历史底蕴厚重、时代特色鲜明的人文魅力空间"。可见，城市规划不只是基础设施建设，不只是城市服务网络，更包括了文化和历史的传承。

文化是新型城镇化建设的灵魂，城镇化建设的持续推进又为文化产业的繁荣提供了广阔的发展平台。有文化涵养的城市才会改变"千城一面"的风格，重现"五里不同风、十里不同俗"的文化景观，才能让居民望得见山、看得见水、记得住乡愁。

地学文化要通过润物细无声的渗透教育调整人类的价值观念，在更加宜居宜业，更加富有远见，更加懂得文化传承上下足功夫，帮助人们保存"文化记忆"，让乡愁找到"归路"。

2 牢固树立新常态下地学文化发展新思维

经济进入新常态，是30多年高速发展的必然结果，是客观经济规律作用的体现。随着人口结构变化、要素成本上升，将倒逼经济结构优化升级、发展转向创新驱动。在新常态经济形势下发展文化产业，一是要冷静理性、不急不躁，顺势而为；二是要积极主动、开拓创新，尽力而为。

地学文化作为中华民族优秀文化的组成部分，凝结着社会主义先进文化的精髓。在传承和发扬过程中，要保持高度的文化自觉，主动创新，挖掘精髓，推出精品，弘扬主旋律，传播正能量。

2.1 利用"互联网＋"模式，发展新型地学文化业态

2015年，"互联网＋"在两会政府工作报告中亮相，之后便迅速升温，引起广泛热议。"互联网＋"代表着一种新的经济形态，在这种经济形态中，互联网可以快速准确地优化配置生产要素，而创新的成果也将通过互联网快速融入社会的各个领域。中国互联网信息中心（CNNIC）发布的《第35次中国互联网络发展状况统计报告》显示，截至2014年12月，我国网民规模达6.49亿人，互联网普及率达到47.9%。互联网正在改变着人们的生活习惯，也为"互联网＋"的经济发展构想提供了无限的空间。

如果说创客空间讲的是草根创业，而"互联网＋"则是从政府层面上引导国家经济的整体发展。"互联网＋文化产业"的发展模式可以引导文化产业更贴近市场。过去的一年里，以阿里巴巴、腾讯、百度三巨头为代表的互联网企业频频将触角伸到文化产业领域，互联网企业对文化产业的偏爱，为文化产业的融资和发展带来了新的转型发展机会。

"互联网＋地学文化产业"意味着地学文化产业和科学技术的高度融合。发展新型地学文化，首要的任务就是通过深化改革调整地学文化生产方式，通过融合科技、信息、教育等手段促进地学文化服务方式的转变，推动新常态下地学文化的转型，增强地学文化的渗透力，激发地学文化的创造力，提升地学文化规模化、集约化、专业化水平。

2.2 挖掘地学文化资源，促进地学文化"裂变效应"

文化往往浸润着风物人情，文化资源要形成新的特色文化产业，必须从产业角度上有新的培育和发展，促进文化的"裂变效应"。位于中国十大竹乡之首的浙江安吉，就通过创新思维将竹文化的"裂变效应"渗透到社会生活的方方面面，建造了中国第一个竹海生态影视基地，发展了竹林农家乐，还引来了一批竹文化投资项目。竹电脑键盘和鼠标、竹炭高档文化用品、竹纤维衣被、高级竹制打印纸……琳琅满目的商品和需求旺盛的市场将竹文化的"软实力"变成了经济发展的"真功夫"。竹子还是那些竹子，但是在现代设计理念和一流技术的助推下，竹子变成了金条。

文化产品应有品牌、会讲故事、讲好故事、提高价值，励志的安吉竹子给我们上了一堂生动的创新发展课。我们也应该开动脑筋，理清思路，利用丰富的地学文化资源开发出形态各异的产品，如开发具有地学特色的影视作品和科普读物，深度发展地学科普旅游产业，大力推广地学文化养生系列产品等，利用声、光、电等技术媒介，把晦涩难懂的专业术语转换为动作语言，让美丽的山川河流拥有人的情感和灵魂，让神秘的地层、化石不再陌生，让普通民众在休闲娱乐中增长才识，从而最大限度实现地学文化的价值。

2.3 实施外向带动战略，助推地学文化产业升级

文化是一种软实力，也是一种不可忽略的伟力。文化的力量不仅取决于自身价值，更取决于它的传播利用价值。从整体上看，我国对于文化的宣传和推介处于"原生态"状态，优秀的文化资源优势并未充分转化为强大的现实生产力；文艺演出、语言文化、图书出版等文化领域面临着"文化赤字"。虽然中国已成为全球最大的商品制造国和出口国，但是仍然处于全球价值链低端，主要原因就是忽视了文化资源的创新和改造，缺乏产品和服务的附加值。

新常态下的地学文化发展，依然面临着精品战略和产业发展的考验，要实行"引进来"与"走出去"双向并举，助推地学文化产业的升级发展。"引进来"是基础。通过举办讲座、开展交流，加强国际合作的方式引进境外的资本、先进技术和先进管理方式，推动地学文化发展从"量的扩张"到"质的提升"。"走出去"是目的。通过创新模式、完善政策、加大力度、持久努力不断增强文化的民族性、包容性和时代性，增强文化的穿透力、吸引力和感染力，努力推动文化"走出去"，让中国文化在世界的舞台上绽放。

在美国，以地学为主题、以科幻为主要表现形式的科普文化产业已经成为影响国民经济的拳头产业。在科幻电影方面，《纽约大地震》《火山爆发》《后天》等为代表的一大批叫好又叫座的电影，带来的不仅仅是殷实的票房，更为美国文化产业在国际上赢得了极高的声誉。相信经过广大地学工作者不懈的努力，在不久的将来，中国的地学文化也将蜚声海外，姹紫嫣红。

惟其艰难，方知勇毅；惟其磨砺，始得玉成。新常态下的地学文化建设，是一个探索的过程，更是一场艰苦的奋战。我们要坚守核心价值，适应新常态，以高度的文化自信，清醒的文化自觉，务实的文化担当来把握新常态下地学文化发展的方向和要求，牢固树立大局意识、创新意识、精品意识，提高地学文化发展的质量和水平。

参 考 文 献

黄娟，李素矿，单华春.2013.生态文明与地学文化产业发展探析［J］.学习与实践（10）：114～119

黄磊，马伯永.2012.地学文化产业现存问题及政策建议研究［J］.资源与产业，14（1）：81～85

王殿华，李守义等.2007.地球科学的文化使命与当代地学工作者的责任［J］.中国地质教育（4）：47～51

冯蕾，李慧.2014.新型城镇化：让文化记忆延续［N］.光明日报，2014－03－16（8）

王京生.2015.经济新常态下文化产业发展的机遇与路径［N］.光明日报，2015－05－14（2）

浅谈"地调文化"的顶层设计

梁　忠　崔熙琳

（中国地质调查局地学文献中心　北京　100083）

摘　要　本文阐述了地调文化的内涵，分析了地调文化建设的重要意义，在此基础上结合时代背景和地调工作实际提出了地调文化建设与发展的思路和设想。

关键词　地调文化　文化建设　地调精神

党的十七届六中全会以来，一些地勘单位在传承"三光荣"的基础上，总结和提炼了代表本单位文化内核的新时期地质精神表述语，但代表新时期地调行业广大干部职工精神气质和价值追求的地调精神或地调行业核心价值观尚未被凝炼和提出。党的十八大报告以较大篇幅提出了"加强社会主义核心价值体系建设、全面提高公民道德素质、丰富人民精神文化生活和增强文化整体实力和竞争力"等文化发展建设的目标和思路，并首次用"富强、民主、文明、和谐、自由、平等、公正、法治、爱国、敬业、诚信、友善"24 个字，分别从国家、社会、公民三个层面，提出了反映现阶段全国人民"最大公约数"的社会主义核心价值观，为凝炼和培育新时期地调行业精神或地调行业核心价值观奠定了基础，也为"地调文化"从国家、社会、公民 3 个层面建设提供了具体的思路和方向。

1　地调文化的内涵

"地调文化"是地质调查文化的简称，是地调行业的灵魂，是推动地质事业发展的不竭动力，也是地质创造力和创新精神的源泉。地调文化作为地质工作者智慧的结晶，是历史积淀的结果，可以作为一种宝贵的资本，为新时期地质事业及社会带来巨大财富。目前有关地调文化没有统一定义，从研究看，所谓的地调文化是指在长期的生产经营实践中，以认识地球、满足资源需要和保障人类生命安全等为目标，以地质科学技术为手段所创造的一切物质财富和精神财富的总称。"地调文化"有广义和狭义之分。广义的地调文化是指人们在开展地质调查工作时形成的地质图、地质报告以及开展地质调查工作建立的操作规范等物质和精神方面的财富。狭义地调文化是地质调查行业干部职工将地质学系统进行全面地升华并使之与传统文化及相关社会活动相结合所产生的精神财富。地调文化可划分为"地调认知文化""地调规范文化""地调物态文化"。"地调认知文化"是人们在认识、开发和利用自然资源过程中，对地质构造、岩石矿物等地质现象的主观反映，它是地调文化发展的前提，主要以知识的形式表现出来，如地质学、地球物理学、构造地质学、矿物岩石学等学科知识。"地调规范文化"是人们在认识、开发和利用自然资源过程中，对地质灾害及人与自然关系如何的主观反映，它是地调文化发展的保障，主要以规范的形式表现出来，如相关的制度和法规。"地调物态文化"是人们在认识、开发和利用自然资源过程中，所形成的文化以非人格化、器物的形式直观表现出来的样态，它是地调文化产生和发展的基础，主要蕴含在研究过的古生物化石、地质剖面、地质遗迹、地质公园、宝玉石之中。地调物态文化为地调文化的产生、传递和传承营造客观氛围，提供物质载体。

地调文化内容上一般分为3个层次，即物质层、制度层和精神层，（有些也把地调文化分为4个层次，除以上3个层次外，还有行为规范）精神层是物质层和制度层的思想内涵，是核心和灵魂；制度层制约和规范着物质层和精神层的建设，没有严格的规章制度，地调文化也就无从谈起；物质层是地调文化的外在表现，是精神层和制度层的物质载体。随着市场经济的逐步建立和地质工作体制和运行机制的变革，地质工作者的思想观念、生活条件、生产方式等发生了变化，地调文化也被注入了新的文化元素，"三光荣"精神被赋予了新的内涵。

未来一段时期，是我国全面建设小康社会的关键时期，是推进全面深化改革、全面依法治国，加快转变经济发展方式、完善社会主义市场经济体系的攻坚阶段，是地质调查工作面临大转折、履行新使命的重要战略机遇期。新形势、新使命、新机遇、新挑战、新征程，要求我们在传承和弘扬"三光荣"宝贵精神的同时，还要把"三光荣"精神和改革开放以来焕发出的新的时代风貌结合起来，并加以熔铸、升华，提出新时期地调精神，为民族精神、时代精神增加新的内涵，以此不断增强地质队伍的自尊心、自信心和自豪感，不断增强地质行业的凝聚力、向心力和创造力，使新时期地调精神成为全面推动地调事业创新发展的精神动力。新时期地调精神或地调行业核心价值观是深层次的社会意识，地调人心中的深层信念，是"三光荣"传承与地调文化特色的精确提炼，是现代地质事业发展的灵魂，也是广大地质工作者的精神价值与共同追求。它能否与时俱进，直接影响到地质行业的凝聚力和影响力。

2 地调文化建设的意义

2.1 开展地调文化建设，是贯彻党的十七届六中全会和十八大精神的重大举措

党的十七届六中全会对新形势下繁荣发展中国特色社会主义文化作出了全面部署，文化强国，是党的十八大召开的重要内容之一，大力推进地调文化建设是贯彻落实党的十七届六中全会和十八大精神的实际行动。这就要求全局党员干部要把思想统一到中央的部署上来，提高文化建设重大意义，切实抓好地调文化建设工作，做好地调文化顶层设计，为推动地调文化建设工作作出应有贡献。

2.2 加强地调文化建设是贯彻落实科学发展观的必然要求

科学发展，第一要义是发展，核心是以人为本。而文化建设，根本是提高人的全面素质，促进社会发展。全面贯彻科学发展观，就必须把文化建设摆在重要位置。通过发挥文化教育人、文化培养人、文化塑造人的功能，着力提高干部职工的思想道德素质和先进文化积淀，不断提高他们努力工作、构架和谐的能力，切实为地质调查工作科学、全局发展

提供人力资源和素质保障。

2.3 加强地调文化建设是满足职工群众精神文化生活的需要

随着干部职工物质生活水平的提高，广大职工群众对精神文化的需求越来越迫切。职工是推动事业发展的主体，必须尊重干部职工的意愿，满足他们的文化需求。这就要求必须加强地调文化建设，不断向干部职工提供丰富的精神食粮和多彩的文化生活，努力使干部职工的物质生活和精神生活同步提高，切实提高他们的幸福指数。

3 地调文化的顶层设计

当前地调文化建设没有相对统一的模式，有些地勘单位虽然在大力推进文化建设，但大多数还是流于形式，停留在文化建设表层。为使地调文化传承历史、与时俱进、体现时代精神，并健康稳定长期发展，真正成为地质调查事业的软实力，需要行业进行顶层设计。"Top–Down Design"是西方国家源于自然科学或大型工程技术领域的一种设计理念，引进中国后被翻译为"顶层设计"，意思是站在一个战略的制高点，从最高层开始，弄清楚要实现的目标后，从上到下地把一层一层设计好，使所有的层次和子系统都能围绕总目标，产生预期的整体效应。

地调文化的顶层设计：一是指精神层的设计；二是研究制度层和精神层的关联性。就是从地调行业的视角就文化发展进行全方位、深层次和战略性设计，包括地调文化发展的指导思想、方针原则、发展目标、建设和发展内容等，本文的地调文化顶层设计主要针对地调行业文化建设而提出。

地调文化建设要以精神文化为重点，努力提高地质行业软实力。在思想上要牢固树立人人是文化创新主体、人人是文化建设主人的观念，积极开展丰富多彩、健康向上的文化活动，为行业职工服务。要围绕地调文化建设的工作重点想办法、出成果。工作重点可概括为"顶层设计、实施方案、突出抓手、创新科普、搭建平台、团队建设、核心价值、经费保障"32个字。

3.1 总体思路

地调文化建设要以邓小平理论、三个代表、科学发展观为指导，以社会主义核心价值体系为引领，以教育人、培养人为重点，深入贯彻落实党的十七届六中全会和十八大精神，大力弘扬"三光荣""四特别"精神。到2020年，初步建立起符合地质调查工作发展实际，具有鲜明时代特征和行业特色的地调文化体系。着力提高职工文化素质，满足职工文化需求，努力提高地质调查队伍的自信和自觉。不断增强地质调查队伍的凝聚力和创造力，树立地质队伍良好形象。全面加强党建和思想政治工作，为推动我国地质调查事业科学发展提供坚实的思想保证、强大的精神动力、有力的文化支撑，推动地质事业又好又快发展。

3.2 基本原则

坚持先进文化引领原则。坚持马克思主义在意识形态领域的指导地位，把社会主义和新价值观体系融入地调文化建设的全过程，贯穿于地调文化建设的各个方面，保证地调文化建设的正确的政治方向。

坚持继承创新原则。要在大力弘扬"三光荣"精神的同时，坚持继承创新，在创新中发展，特别是大力推进地调文化内容创新、形式创新、体制机制创新，在创新中发展。努力体现时代性、创造性。

突出特色原则。紧密结合历史传统、业务特点、工作性质，着力打造符合行业特征和本单位个性的独特地调文化，体现特色，彰显魅力，大力培育地调文化"品牌"。

坚持着眼长远原则。要站在战略高度，把地调文化建设纳入单位长远规划中，总体谋划，分步实施。既要有长远目标，又要有阶段性任务。注重长远效应，坚持常抓不懈，持之以恒，不断推进地调文化持续发展。

3.3 地调文化建设的基本内容和方式

地调文化建设的基本内容包含 3 个层面：一是精神理念层面，主要包括地调工作的使命、共同愿景、核心价值及学习、服务、工作等各种理念的提炼，这是地调文化建设的最高层次。二是制度规范层面，主要是各种执行文化体系的形成，这是地调文化建设的制度层面。地调文化建设必须要有制度和机制作保障，需要建立一些必需的激励和约束制度。三是物质形象层面，包括品牌形象的打造，职工仪容仪表及工作环境等，这是文化建设最浅的层面。

当前，地调行业面临新的形势，新的要求，地质行业要结合自身特点，按照党的十七届六中全会和十八大提出的要求，积极构建新型地调文化，才能对地质调查事业的持续发展起到推动作用。

3.3.1 统一认识，树立"文化强则地调强"的理念

只有先进的技术和良好的业务成绩，没有底蕴深厚的文化支撑，地调事业的发展将会后劲不足。要想长期稳定发展，必须有强大的文化力量作支撑。地调文化是促进地质单位科学发展、持续发展的精神动力。地勘事业科学发展中，地调文化是基础，是软实力。要通过文化建设形成强大的凝聚力，用先进的地调文化鼓舞人、激励人、引导人，使地调事业更加稳定、协调和快速发展。

3.3.2 提炼新时期地调行业精神

地调文化建设的核心内容是精神文化的构建，地调精神文化是地调系统干部职工共同价值观的体现，是地调行业的灵魂。要更好落实地质找矿新机制、推进"358"，谱写地质调查事业新篇章，必须高度重视和大力加强地调系统精神文化建设，提炼和总结新时期地调行业精神。通过对地调系统精神文化的讨论和提炼，可以进一步加强地调作风建设，塑造地调行业形象。提炼新时期地调行业精神，要在新的环境下对"三光荣""四特别"精神予以继承、发扬和创新。

3.3.3 着力培育先进的文化理念

加强地调精神文化建设，要着力培育先进的文化理念，即通过弘扬学习、创新、敬业和团队精神，倡导踏实做人、认真做事、廉洁做官的理念，不断提升干部职工的精神境界，不断推动观念创新、制度创新和方法技术创新。在素质文化方面，要推行"有为才

有位""靠能力和实绩求进步"的竞争激励机制，要树立学习理念，根据学习型组织理论：学习力＋文化力＝生产力，只有树立终身学习理念，把个人学习变为组织行为，才能适应时代发展。在管理文化方面，要树立"权为民所用，情为民所系，利为民所谋"的"以人为本"的执政理念，营造人文关怀的和谐氛围。

3.3.4　加强地调文化产品的创作和文化传播

地调系统精神文化是"魂"，精神文化产品是"体"。除了加快精神文化的提炼和文化理念的培育外，还需加强地调文化产品的创作和传播，要把地调科学技术成果转化成公共服务产品，融入大众的生活和休闲娱乐中，保障公民获取地调信息的权利。地调文化产品只有生动地体现了地调精神这个"魂"，并通过信息媒介和文化活动传播出去，才能真正有精气神。地调文化产品的创作需要机制和环境，地调局机构应尽快研究出台鼓励和指导性意见，要在项目研究、组织机构、激励机制方面考虑文化建设，尤其是在地调项目成果管理方面给予地调科普创作成果以明确规定和支持，在人才培养方面统一做计划。以特色活动和网络媒体为有效载体，通过树立身边典型、创服务品牌、建言献策、科普文化专题研讨等方式促进大众广泛参与和地调文化的广泛传播。

3.3.5　创新文化形式，积极开展丰富多彩的文化活动

开展丰富多彩的文化活动，就是要发挥文化潜移默化的育人功能，以先进文化引领地调文化建设，增强干部职工的凝聚力、向心力和战斗力，营造积极向上的文化氛围。活动要符合地调单位或部门的特点，贴近干部职工的实际，注重与转变工作作风，将加强思想教育和提高干部职工素质相结合，注重内容与形式、教育与娱乐相结合。

3.3.6　开展职工政治及科学文化教育，提高干部职工整体素质

各单位始终把提升干部职工队伍思想素质和文化素养作为单位发展的根本和基础，坚持用社会主义核心价值体系引领发展，紧密结合创先争优活动，组织开展政策形势教育、科学文化学习等活动。提高职工整体素质，增强职工政治意识、大局意识和责任意识，提高职工队伍素质，为推动地质调查工作科学发展提供强有力的思想保证。

3.4　保障措施

为了统一协调、有序推进文化建设，地调文化建设应明确主管部门和责任人。明确组织形式，确定工作任务和今后工作计划。

要树立抓发展必须抓文化、抓文化就是抓发展的观念。要把地调文化建设纳入本单位整体发展规划中，纳入领导班子考核、年度绩效考评中，按照党委统一领导、党政工团齐抓共建、职能部门组织协调、其他部门密切配合、职工群众广泛参与的要求，不断完善机制，形成上下联动、密切配合、齐抓共建的工作格局。

立足实际，制定中长期文化建设规划。地调文化是一项长期任务，不可能一蹴而就。各单位要结合自身实际，研究制定本单位文化建设规划。确立目标，明确任务，制定措施，落实责任，有计划、分阶段、有步骤地抓好规划的实施工作。

总之，地调文化建设要坚持科学发展观"以人为本"的思想，通过教育、引导、感化，来增强每个人的责任意识、进取意识，激发大家的创造力，培养干部职工的团队精神和奉献精神，使每一个人都有理想、有追求、有干劲。

参 考 文 献

刘学清,李小龙,张梅.2010.地质文化建设构想 [J]. 城市地质,(4):8~11

崔熙琳,史静.2013.地质文化应从"实"建起 [J]. 中国国土资源经济,(7):70~72

李德连.2005.创建独具特色的企业文化——整体推进核地质文化建设 [J]. 中国核工业,(8):39~40

坚定不移沿着中国特色社会主义道路前进 为全面建成小康社会而奋斗,http://news.china.com.cn/politics/2012 -
　　11/20/content _ 27165856 _ 5.htm.

积极打造地质旅游文化升级版

——关于河南地勘单位如何协助政府打造好旅游精品的思考

周 强 杨 涛

（河南省地质矿产勘查开发局 郑州 450012）

摘 要 从河南省地质旅游文化资源现状、地质旅游发展进入瓶颈期入手，阐述了近年来河南省地矿局在发展地方地质旅游产业方面所做的大量工作及地勘单位所面临的困境，努力寻求新时期地方地质旅游产业与地勘单位共赢发展的途径和方法。

关键词 地质旅游文化 地勘单位 精品

1 河南省地质旅游文化资源现状

河南省地势西高东低、北坦南凹，北、西、南三面有太行山脉、伏牛山脉、桐柏山脉、大别山脉4大山脉环绕，间有陷落盆地，中部和东部为辽阔的黄淮海冲积大平原。在大地构造上横跨我国南北两大板块，是我国南北间地质、地理、生物和气候的天然分界。大地构造位置独特，造就了河南极为丰富的地质遗迹资源。

近年来，河南省在地质公园建设方面进行了积极的探索与实践，产生了良好的效应。在地质公园开发中，全国12个世界地质公园中，河南就占了4个；全国138个国家地质公园中，河南就占了11个。云台山、嵩山、王屋山—黛眉山、伏牛山世界地质公园，嵖岈山、黄河、神灵寨、金刚台等8个国家地质公园，和关山、神农山等6个省级地质公园，形成了世界、国家、省三级地质公园体系。

地质公园建设为河南省旅游产业注入了科学内涵，改善了旅游景区的形象，优化了当地的产业结构。近年来，河南省地质公园的数量越来越多，地质旅游人气越来越旺，以前人们到嵩山等地游览时对那里奇特的地质景观无法理解，只好惊叹大自然的鬼斧神工。建立地质公园后，人们可以通过系统的讲解了解到这些地貌形成的原因，对这些地方又有了全新的认识。地质公园建设也为普及地学知识提供了新的舞台，为带动旅游业发展提供了新的途径。

地质旅游是一种新兴的旅游形式．河南省是地质旅游资源大省，但其地质旅游业仍处于起步阶段，还存在诸如开发观念落后、基础设施滞后、开发层次不够、投资主体单一及地质旅游资源科学研究和保护力度不够等问题。

1.1 地质研究的规划仍然落后

地质公园具有公园的审美属性，它必须具备供人们欣赏审美的吸引物和相应的旅游设施。同时地质公园又具有地质属性，以某种奇特地质景观为主题，在规划中应充分体现特定的主题。而我们的地质公园普遍存在对地质景观概念淡薄的现象，多数情况下体现地质景观不够，导致功能区、景区建设布局不够合理，地质科学价值及其美学价值没有完全显现。

1.2 开发层次不够，投资主体单一

我国地质资源属于公共资源，归全体人民所有，这就决定了政府是地质公园的投资主体。这种投资体制就带来一些问题，比如政府财政有限，不可能拿出大量的资金用于基础设施建设及资源保护，制约了地质公园的进一步发展；由于政府既是地质公园的投资者、管理者，又是经营者，再加上政府风险意识不强，这样导致政府在地质公园资金的使用上缺乏行之有效的监督，加大了投资的风险性。

1.3 重视公园品牌效应，科学内涵关注不足

地质科学文化宣传较少，绝大多数景区内标识不全、不清，对解说系统建设不够，导游文化素质普遍偏低，有些甚至缺乏必要的专业基础知识，这样游客更体会不到地质旅游的精华，停留在简单的"看景""观景"层次上，令地质旅游所要传达的科学内涵大打折扣。

2 河南省地矿局在挖掘河南省地质旅游文化所作的贡献

河南省地矿局是河南地质工作的主力军、地质服务的主力军、地质科技的主力军。近年来，河南省地矿局努力拓展地质工作服务领域，唱响了"旅游地质"新的专业品牌，取得了较好的社会效益和经济效益。

在地质公园开发中，全国12个世界地质公园中，河南就占了4个；全国138个国家地质公园中，河南就占了11个。河南省地调院先后完成了云台山世界地质公园，王屋山、嵖岈山、黄河、黛眉山、神灵寨、金刚台6个国家地质公园，和关山、神农山等6个省级地质公园的申报规划与建设工作，申报的成功率达100%。在全国旅游地质工作及申报地质公园工作中，河南省申报成功率高居全国第一位，开展的旅游地质工作为河南社会经济建设发挥了积极的促进作用。

2009～2011年，河南省地矿局首次对全省地质遗迹进行了系统调查，摸清了全省地质遗迹资源"家底"，目前全省共查明重要地质遗迹335处，为有效保护和合理开发利用地质遗迹提供科学依据。

河南省地处中原，为华北陆块与华南陆块的交接地带，地质遗迹资源丰富，类型多样。地质调查及地质矿产勘查工作有百年的历史，地质研究程度较高。中国地质调查局为了开展全国重要地质遗迹调查工作，选择河南、四川作为省级地质遗迹调查方法研究先行示范省。国土资源部中国地质调查局自2009～2011年下达任务，省地质调查院承担的"河南省地质遗迹调查与区划及示范研究"项目于近期完成。

本次地质遗迹调查的对象是调查研究过的地质现象、具有观赏价值的地貌景观、具有科普教育意义的地质景观，不同的类型采用不同的调查方法。调查发现，河南省重要地质

遗迹分为基础地质大类（地层剖面、岩石剖面、构造剖面、重要化石产地、重要岩矿石产地类）、地貌景观大类（岩土体、构造、水体地貌类）、地质灾害大类等 3 大类 9 类 33 亚类。全省查明了河南省辖区内的地质遗迹分布，查明河南省重要地质遗迹 335 处，其中，世界级地质遗迹 22 处，国家级地质遗迹 137 处，省级地质遗迹 176 处。

"地质遗迹是稀有的、珍贵的、不可再生的地质自然遗产，具有重要的地质科学研究意义、极高的观赏价值、科普教育价值，保护下来作为可永续利用的资源，既可以世世代代的供人们地质科学研究，也可以通过适度开发供人们参观游览，成为旅游观光目的地及科普教育的基地。"项目负责人省地质调查院教授级高级工程师方建华介绍。目前，我省地质遗迹保护主要采取建设地质公园的方式进行，在一些零星分布的重要地质遗迹地段，需要建立地质遗迹保护段（点）来保护，一些已经建立自然保护区、风景名胜区、森林公园等的范围内，如也存在着重要地质遗迹，同样需要依法规保护。旅游开发利用地质遗迹是拉动地方经济发展的重要方式，云台山等许多地质公园建设的成功经验证明，发现一处好的地质遗迹景观不亚于发现一处大型"金矿"。

本次地质遗迹调查重大成果是创新性地提出了地质遗迹调查资料搜集及地质遗迹点筛选方法、地质遗迹调查内容及野外调查方法、重要地质遗迹鉴评及保护名录确定方法、编制划分地质遗迹保护段（点）方法、地质公园的保护规划方法、地质遗迹区划方法、地质遗迹资源图及保护规划图编图方法、地质遗迹数据库建库方法等一套完整的地质遗迹调查方法，为全国各省开展地质遗迹调查提供了借鉴。

地勘单位在地方旅游业前期勘探、调查、保护规划等方面做了大量的、至关重要的工作，然而一旦这些产品进入市场，就与地勘单位脱钩，既不利于旅游产品的后续开发保护发展，也不利于地勘单位的健康发展，主要存在以下问题：

2.1 对地勘单位的重要性认识不到位

由于宣传不到位及其他一些因素，社会上很少有人知道地勘单位是地质公园的重要规划者和重要建设者，甚至对地勘行业有误解。

2.2 发展观念、理念跟不上时代发展

一方面是对地质遗迹的保护与开发及地质公园申报后的规划服务等无法保证，另一方面是在地质公园申报成功后地勘单位被撤在一边，这种现状不利于地质公园和地勘单位的健康发展。两者如何建立共同发展的合作机制实现共赢是急需解决的问题。

2.3 地方政府不接纳

地勘单位帮助地方政府申报了这么多的地质公园，却没有将地勘单位纳入合作单位，这是不重视地质公园的科技含量，不重视地质公园的后续开发和保护的做法。

3 河南地勘单位如何协助政府打造好地质旅游精品文化

积极主动打造旅游精品，品牌是旅游业的核心竞争力。河南省地矿局与地方旅游局日前签订地质旅游合作备忘录，搭建地质旅游工作平台，探讨地质与旅游相结合途径，为地

质旅游产业提供旅游资源储备和地质技术保障支持，提升旅游产品的科学文化内涵。地质旅游业应充分挖掘利用各种地质旅游资源，不仅要拓宽地质旅游的广度，更要在拓展地质旅游的深度上下功夫，努力解决日益增长的旅游需求与相对滞后的旅游供给之间的矛盾，培育一批享誉世界的旅游精品。过去绝大多数的旅游产品都是"走马观花"式的，旅游仅限于"散散心、看看景"的层次，今后的地质旅游要更多地在普及地质科学知识、满足游客精神需求上面下功夫，真正给游客一种"回味无穷"的旅游享受。

地质旅游产品主要是地质公园，在地质公园的规划、建设开发和管理保护上，地勘单位均大有作为。现实中绝大多数地质公园对景观的地质科学价值开发不足，保护不够，如果借鉴国外自然保护区的做法，由行业单位参与对公园功能进行科学分区管理，既能提升专业科学价值，提升景区科普功能，又能使游客观赏更有针对性，也更利于景区的保护和进一步开发。

在景区规划上，地质公园要强化地质景观建设规划，要更多地展现地质科学价值及其美学价值。不少公园忽略了一些重要地质遗迹点，一些地质遗迹被忽略或是出现认识偏差，没有"标识"和正确的"解说"，甚至误导游客，更甚者受到人为设施"干扰""淹没"乃至"破坏"。这就需要地勘单位在景区规划上下大功夫为地质公园出谋划策，既要做好整体规划，又有必要在细微之处，起好参谋作用。

在地质公园建成后的景区保护及合理开发利用管理方面，为促进地质公园更科学健康地发展，还需要地勘单位对园区地质遗迹进行再调查，对园区内地质遗迹资源进行科学系统分类，并通过调查对地质遗迹的价值进行综合评价。

地质旅游业本质上仍是服务业，导游及管理人员的素质、基础设施建设配套完善等因素直接影响地质旅游产业能否持续健康发展。因此，地质公园在管理上有必要聘请地质专业人员参与管理；发展地质旅游业，最终还要靠人才，这就需要培养一大批懂旅游、懂地质等专业的复合型人才；在编印地质公园的宣传册，安装指示牌、解说牌等宣传指示时，地勘单位参与把关，保证文字资料能向游客提供科学的地学知识，起到地质科普的作用。这样才使地质公园真正名副其实。

推进万山地质文化产业园建设。万山地质文化产业园是河南省地矿局、荥阳市人民政府合作实施的集地质文化、地质旅游、特色商业、生态种植、健康养生为一体的文化产业集聚区，应推进万山地质文化产业园建设，努力将其打造成地勘单位和地方政府合作建设的地质文化产业园的典范。这一项目的建成不仅可以使地质科普、地质旅游更深入人心，有潜在的经济社会效益，而且能进一步增强河南省旅游企业在国内国际上的影响力，推动河南省旅游业实现新的飞跃。

做大做强地质旅游企业。目前河南省绝大多数旅游企业仅满足于小打小闹式的办企方式，旅游企业缺乏丰富、有深度的文化理念，缺乏浓厚的文化氛围，还属于简单的人口密集型的劳务型产业，缺乏先进的管理模式，职工素质普遍偏低。河南省山水地质旅游资源开发有限公司，是河南省地矿局所属省内唯一一家专业从事地质旅游开发和服务的技术密集型国有企业，是河南省地质旅游行业的旗舰单位。

当然我们也应看到，地勘单位要在提升旅游文化、发展旅游事业方面，还需要一系列配套政策及地方政府的大力支持。在当前推进事业单位分类改革的时代进程中，完善地勘单位改革的政策体系，理顺各种关系，积极谋划引导好地勘单位改革转型，对地勘单位在国民经济中发挥更大作用都有极深刻的意义；同时，地勘单位应积极主动与地方政府建立沟通联系，得到地方政府在政策等方面的支持，达到两者之间共同发展的双赢效果，也促进我们的地质旅游等事业的健康长远发展。

如今，地勘单位和河南省的地质旅游业正赶上习近平总书记提出"一带一路"战略构想的重要机遇期，《河南省全面建成小康社会加快现代化建设战略纲要》指出，下一步要全面融入国家"一带一路"战略，相信在各方的共同努力下，河南地勘单位和地质旅游事业也将乘风破浪，勇赶"一带一路"的战略开放列车，为实现中原崛起河南振兴而作出新的、更大的贡献。

参 考 文 献

姜英朝，潘运伟，胡星等.2007.云台山地质公园旅游业目前存在的问题及其对策［J］.资源与产业，（12）：49～52
何勋，杨占坡.2007.我国地质公园投资存在的问题及对策［J］.黑龙江对外经贸（11）：89～91

新时期对地质文化建设的思考

安 丽 芝

（中国地质调查局地学文献中心　北京　100083）

摘　要　地质文化是地质事业发展的血脉和灵魂。因此，加强地质文化建设势在必行。本文从弘扬地质行业精神、加强地质文化阵地建设、加大地学知识普及宣传力度，探讨从科学和可持续发展的角度推进地质文化建设。

关键词　地质文化　文化建设　行业精神　传播

党的十八大提出"文化软实力显著增强"的文化建设目标。实现中华民族伟大复兴，必须推动社会主义文化大发展大繁荣，兴起社会主义文化建设新高潮，提高国家文化软实力，发挥文化引领风尚、教育人民、服务社会、推动发展的作用，为当前和今后一段时期文化改革发展提供了指引。

地质文化作为文化的一部分，是人类适应、认识、开发、利用和保护地球，与地球相互作用、相互依存过程中创造的文化形态。地球上人的生存、发展需要地球科学文化，需要以地球科学思想、科学方法和科学精神为内涵的文化推进人类社会向前迈进。因此，发展地学文化是推进社会主义先进文化繁荣与发展的重要途径。

1　地质文化的内涵和作用

文化是一个民族的灵魂，是综合国力的重要组成部分。地质文化是人类在研究与利用地球资源过程中所形成的物质和精神成果的总和，它是人地关系在文化上的反映。

地质文化以地球科学为主体，科学与文化交相辉映，密不可分。科学的产生和发展有赖于深厚的文化基础、社会道德和政治与经济环境，科学必须根植于肥沃的文化土壤中，才能吸取养分，结出伟大的科学果实，同样，先进的科学又促进文化环境的良好发展。地质文化是长期的科学精神与历史沉淀，既是引领地质找矿突破、保障地质事业科学发展的强大精神动力，又是丰富社会公众精神文化生活的重要源泉。

党的十八大报告中，"生态"概念被突出强调，这使得地质文化的内涵有了更多的扩展。生态文明的时代要求地质文化尽快完成"人文转向"，从对地球的纯自然科学研究到重视地学人文社会科学研究，不断创造新的地学人文精神，以人与自然和谐发展、人地关系协调发展的精神指导地球科学和技术发展。地质文化在揭示和协调人与自然、人与地球和谐发展关系中的功能和作用，是其他任何文化都不能比拟的。

地质文化的内涵并不仅限于对地球科学的深度追索，也包括对相关技术的研发、行业成果的传播、行业精神的衍承等，既是行业文化，又是科学文化、大众文化，是社会主义先进文化的重要组成部分，是地质事业发展的血脉和灵魂。其内涵丰富，源远流长，有着深厚的历史底蕴和科学基础，并随着时代的变迁而不断扩充丰富。

2 弘扬行业精神，树立行业形象

地质行业精神是地质事业之魂，是地质文化的核心，是地质行业生存和发展的精神支撑。地质行业精神既有反映地质行业特征的相对稳定的价值取向，又从一个侧面折射出地质文化的时代气息，成为增强行业凝聚力、发展地质事业的重要精神动力。

新中国成立后，地质事业迅猛发展，"以献身地质事业为荣、以艰苦奋斗为荣、以找矿立功为荣"的"三光荣"精神激励了一代又一代的地质工作者为地质事业无私奉献，开拓进取。改革开放后，地质行业精神又赋予了新的内涵，"特别能吃苦、特别能战斗、特别能创新、特别能奉献"的"四特别"精神，激发了地质工作者吃苦耐劳、拼搏进取、开拓市场、在艰苦的环境中立于不败之地的信心和勇气。这种文化积淀和传承为地质行业文化建设提供了坚实的基础。

《关于加强地质工作的决定》（国发〔2006〕4号）将地质行业精神高度概括为："热爱祖国，追求真理，开拓创新，无私奉献"。这是我国地质事业近百年来的发展历程中，无数地质人凝练出的精神，是对"三光荣"精神的延续。

2012年，时任国务院副总理的李克强同志针对全国模范地质队浙江地质七队先进事迹作出指示，"要弘扬地质工作者牢记使命、献身事业的优良传统，大力实施找矿突破战略行动，立足国内增强资源保障能力，更好地服务现代化建设"，进一步树立了新时期地质工作的精神标杆。

几十年来，地质行业奉行至今的"三光荣"事业精神，体现了地质工作者爱国主义、集体主义和社会主义的价值观，也体现了一代代地质工作者不畏艰险、以祖国需要为己任的奉献精神。在新的条件下，在弘扬地质行业的这种优良传统的同时，也需要赋予其新的内涵，创建适应时代发展要求和与行业振兴相适应的行业文化，以服务事业发展的需要。

在深刻领会新时期地质行业精神和核心内涵的基础上，总结提炼不同层面、不同类型的具有凝聚力且特色鲜明的"团队精神"，形成各具特色的多元化、多层次的地质文化。

近年来，中国地质调查局紧紧围绕地质调查工作"五个服务"和"三个坚定不移"的总体要求，开展"地调精神"表述语征集活动。彰显地质调查工作特色，体现地质调查工作者共有的精神特质和追求，与"三光荣""四特别"精神一脉相承。不断提升地质调查队伍的凝聚力、战斗力和创造力。

3 加强地质文化建设，推动地质事业发展

随着我国经济不断发展，对矿产资源、能源的需求不断扩大，地质工作任务越来越重。可是在日趋激烈的地质市场经济条件下，地质工作者的思想价值取向从过去封闭单一型向开放多元型转化。为此，加强职工的社会主义核心价值观和先进行业文化的教育，打造一支敬业奉献的高素质队伍，以适应地质找矿和市场发展的需要是十分必要的。

党的十八大报告第六部分以"扎实推进社会主义文化强国建设"为题，对文化建设

任务做了言简意赅的论述。提出 4 项任务：一是加强社会主义核心价值体系建设。这决定着中国特色社会主义发展方向。二是全面提高公民道德素质。是社会主义道德建设的基本任务。三是丰富人民精神文化生活。是全面建设小康社会的重要内容。四是增强文化整体实力和竞争力。是国家富强、民族振兴的重要标志。报告对文化建设树立了新的高度。

新的时期，新的任务，新的机遇，新的挑战，将推动中国地质事业处在一个新的历史起点上。地质事业新的发展呼唤地质文化的创新，加强地质文化建设尤为重要。

地质文化建设的出发点是发展文化。从科学和可持续发展的角度推进地质文化建设，当务之急是要从地质事业的实际出发，根据地质事业发展的特点，突出自己的个性。使地质文化服务于经济社会，服务于广大民众，推动地质事业持续、有效、健康发展，真正实现文化力向生产力的现实转移。

近年来，《侏罗纪公园》《龙卷风》《后天》《末日崩塌》等电影把科学家对大自然的认识搬上了银幕，创新了地质文化的表现形式。国家地质公园、世界地质公园和科普基地的成批涌现，以及中国古鸟类化石作为"文化使者"赴国外成功展出，证明了地学文化的深刻内涵与广阔发展空间，说明地质文化不是空洞的、抽象的，而是实实在在地存在于社会实际生活之中，它是一种资源，取之不尽、用之不竭。

党的十八大报告提出，到 2020 年使文化产业成为国民经济的支柱性产业。说明文化的经济价值受到高度重视。《侏罗纪公园》影视作品的火爆证明，地球科学文化中蕴藏着巨大的文化发展潜力，打造优秀的大众文化产品是未来发展的方向。

4　加大地质文化的宣传力度，向大众文化进军

地质文化作为科学文化的一部分，应该在提高民族科学文化素养中大有作为。人类生活在地球上，地球科学的进展与人类社会的发展息息相关，地学知识的普及具有全民性和社会性，掌握和了解地学基本知识是国民素质教育的重要内容之一。发展和传播地质文化，大力普及地学知识，提高全民地质文化素养是地质文化发展的要求，更是发展社会主义先进文化、构建社会主义和谐社会的要求。

传播地质文化，不仅是要形成自己的行业精神及工作理念，还要把地质文化融入社会并进行广泛地传播。要不断加大地质成果、地球科学知识向社会转化的力度，充分利用文化的手段和形式，在社会各个层面进行传播，为社会提供多领域、全方位服务，在服务中展示地质文化的丰富内涵与魅力。

传播地质文化，要构建地质文化传播平台。要充分利用并整合我们现有的地质文化资源，以弘扬行业精神、树立行业形象、普及地学知识为主要任务，加强文化宣传教育、文化产品制作、文学艺术创作、科学知识普及等工作，推出一批具有地质特色的影视、科普、文学、艺术等文化精品，提高地质文化的生命力、渗透力和影响力。

文化的力量不仅取决于其自身价值的大小，更取决于它是否被传播，以及传播的深度和广度。信息时代，传媒的力量是巨大的，人们正是通过徐迟的报告文学《地质之光》了解了李四光以及地质工作，一首《勘探队员之歌》和电影《深山探宝》《年轻的一代》，以及震撼人心的影片《生死罗布泊》，点燃了中国一代青年投身地质事业的激情，激励着一代代地质工作者奋力拼搏、艰苦创业，极大地推动了地质事业的发展。

我国尽管地质文化资源极其丰富，但进行深入开发的却很少，传播地球科学文化方面的作品少之又少。因此，地质文化产品应该走近大众，让大家了解地球科学与自己有什么关系，这是社会发展的需要，也是地球科学生存发展之本。

中国地质调查局地学文献中心是国土资源部科普基地，承担着发展、传播地质文化的责任和义务。因此，普及地球科学知识、发展地球科学文化、提高国民素质、推动社会进步是我们义不容辞的责任。在部、局的大力支持下，应积极组织各种学术文化交流，营造地质学术文化氛围，充分利用不同载体和平台，大力开展科普教育。地学科普网站——山海经，为地学科学文化产品的传播搭建了平台；同时出版发行《国土资源科普与文化》和《地学文化动态》刊物，宣传国土资源事业发展成就、地学研究成果和地质行业文化精神；并针对少年儿童群体编写一系列地学科普读物，通过"地球日""防震减灾日"等地学科普日开展科普主题宣传活动，走进大中小学校园、走进社区、走进农村宣传地学科普知识，为提高13亿人的地球科学文化素质而努力。

随着公众对生存环境、地质灾害、资源国情等地质知识和信息需求的日益增加，必须让知识创新与知识传播这两只翅膀同时强壮起来，地质文化才能展翅高飞，走出被遗忘的角落。

5　结　语

地质文化建设是地质事业发展的内在动力，是构建和谐社会的重要组成部分。并非可有可无，而是大有作为，只有持续不断地抓好地质文化建设，才能实现地质工作科学性跨越和持续性发展。

参 考 文 献

孟宪来. 2006. 用先进文化的力量推动地质事业的发展 [J]. 地质论评，(3)：428~430

魏忠林. 2012. 关于地质行业文化建设的思考 [J]. 城市建设理论研究

刘学清等. 2010. 地质文化建设构想 [J]. 城市地质，(4)：8~11

刘晓慧. 2012. 地质文化的前世今生 [N]. 中国矿业报，2012-12-6

王春华. 2008. 地质与文化 [J]. 地球，(4)：17~18

张中伟. 2003. 地球科学发展的生命之翼—地球科学文化建设初探 [J]. 地质通报，(8)：631~636

国土资源老科协助力国土资源文化建设

——"国土资源文化建设研讨会"侧记

吴海成　　包永东　　韩俊梅　　白易红

（中国老科协国土资源分会　北京　100088）

摘　要　本文通过介绍国土资源老科协与中国地质图书馆联合召开的国土资源文化建设研讨会的主要内容和国土资源老科协发展概况，传达出老科技工作者将助力国土资源文化建设以及地球科学文化传播方面的工作

关键词　国土资源　文化建设

中国老科协国土资源分会与中国地质图书馆于 2014 年 11 月 20 日联合召开了一次"国土资源文化建设研讨会"。这次会议涉及内容很广、信息很多，尚有亮点、别开生面，所以做一简单介绍，以促进今后开展国土资源文化建设和传播等更多方面之借鉴与思考。会议开始，图书馆刘延明馆长、单昌昊副馆长、国土资源部离退休干部局韩建立副书记分别做了热情洋溢的讲话，国土资源部科技与国际合作司谢秀珍博士介绍了部推荐的优秀科普作品和科普基地等相关情况，国土资源老科协包永东秘书长介绍了老科协老科技工作者关注地球科学文化建设和传播方面的热心工作以及筹备本次会议的状况。

国土资源报陈国栋社长以"关于国土资源文化建设的思考"为题做了发言；中国矿业报张腊平副社长以"地矿文化研究要有开放的视野"为题做了发言；中国地质博物馆党办彭建主任以"社会转型期的地质博物馆初探"为题做了发言；国土资源老科协王平常务副会长提出文化软实力的重要性以及学科文化与行业企业文化之不同，并且介绍了中国国土资源航空物探遥感中心文化"求真、奉献、创业、图强"的精神，同时举出中国国土资源航空物探遥感中心不怕牺牲、令人感叹的实例；地质博物馆张国平同志讲到国土资源文化产品，海洋、土地、矿产知识对增强全民国土意识很有意义，应发挥全国地质公园和博物馆的宣传作用；原矿产储量委员会宋克勤指出应对地质文化精神的概念有正确认识，正是因为具有"三光荣"精神和"四特别"的理念，才勘查出镜铁山等许许多多的重要矿产地；原西藏地质局总工程师万子益回顾了自己考上北京大学，后来经院系调整由地质学院毕业后，坚决服从分配，到野外地质队做找矿工作，辗转全国各地，哪里需要去哪里，哪里艰苦去哪里，为祖国勘查出急需的铜、铬、压电水晶、西藏地热等资源的经历。他最后讲："活到老、学到老，为了祖国的明天，为了党的十八大提出的宏伟目标贡献力量。"他虽已年过八旬，仍然积极参加老科协各项活动，经常为地质找矿工作建言献策；国土资源分会资深会员杜笑菊与杜邵先交流之后，认为国土资源文化应在国家大文化发展过程中随同发展，目标是一致和明确的，而且具有阶段性，不同的阶段有不同的任务

目标，如过去是大力寻找国家急需的铁、铜等矿产时期，现在是重视与保护生态环境时期，文化发展侧重应有不同的针对性；原科技司孙培基同志介绍了国土资源老科协多年来重视地质文化工作的情况，特别是科普宣传，典型实例就是带领科普小分队去唐山街道社区、大中小学和广场进行大规模国土资源科技文化传播活动。同时他还指出，文化建设不能忽视地质科技创新方面；原地质科学院李章大同志以"适应新常态，攻坚破难题"为中心做了系统发言，介绍了他在矿产综合利用，特别是非金属矿的开发方面的成果，如"微晶玻璃"、"特种陶瓷"的创新产品，并在会上展现他带来的样品。中国地质学会浦庆余同志以"发掘中国古代科学和技术，弘扬中华优秀文化"为主题，讲述了我国地质事业主要开拓者和奠基人丁文江等老前辈奋斗、拼搏的事迹和功绩，他们绝对是我们的表率和学习榜样；中国地质博物馆原副馆长袁润广同志首先指出"文化"即是人类"对各种思想存在的表达"，这是颇为精练的概括，同时讲到他的一个观点，即事物的变化，原来认为是量变到质变，而在编写地球演化、人类进化的有关书作之后，得出质变到量变的看法，可以进一步探索思考和研究，根据他发明专利申请情况，他提出中国老科协应尝试建立"科技创新发明基金会"。国土资源老科协吴海成介绍了国土资源文化建设的进展及认识情况，包括国土资源文化的 4 项主要内容、4 项主要作用、4 项主要建设、4 项主要弘扬途径，同时提出科普宣传的紧迫性和重要性；国土资源老科协郑间润建议将"勘探队员之歌"推荐为行业文化主题歌，这首歌深受地质行业欢迎，电视台多次播放。

包永东秘书长最后在本次研讨会上做了讲话。首先对中国地质图书馆给予会议的支持，深表感谢；对老科协老同志们参加国土资源文化建设研讨会的热情和认真态度表示感谢，对会议取得的预期效果给予了肯定，并表示老科协在国土资源文化建设上将继续努力，做出新的成绩。

包永东秘书长说道：

中国老科协国土资源分会，成立于 1993 年 6 月 23 日（原名地矿分会，2004 年 12 月更名），20 多年来，分会经历了艰难的发展历程。目前，分会已经拥有包括 22 名院士和 100 多名知名专家、学者在内的 320 名会员。会员主要来自国土资源部机关、中国地质调查局、中国地质科学院、中国地质环境监测院、中国地质博物馆、中国大地出版社、地质出版社、中国国土资源报社等单位。

分会按章程要求和自身特点建立健全相关机构，分别于 1993 年 6 月、1999 年 1 月、2004 年 3 月、2010 年 1 月、2014 年 3 月选举产生了五届理事会（理事长分别是夏国治、李廷栋、蒋承菘、张洪涛；秘书长分别是罗广平、许宝文、孙培基、钱玉好、包永东），并先后建立了 8 个专业（工作）委员会，11 个会员组。

分会始终紧跟党中央的重大战略部署，围绕部的职能和部党组的中心工作，大力倡导和坚持"发扬奉献精神，坚持勤俭办事"的原则，注重发挥老专家的业务专长和开拓创新精神，开展了课题研究、科技扶贫、建言献策、科普宣传、专题研讨、科技讲座、网站宣传、科学考察、举办计算机培训班和找矿突破培训班等各项活动，取得了丰硕成果，受到了有关领导和部门的好评。部党组书记、部长、国家土地总督察徐绍史在第 14 次部离退休干部工作领导小组会议上作了重要讲话，在讲到"离退休干部党支部和广大老同志，对国土资源管理工作非常关心、支持，经常会有一些建设性的意见"时，强调"特别是老科协国土资源分会，对国土资源管理献计献策。请离退休干部局的同志转达部党组包括我本人对大家的谢意，感谢部机关各离退休干部党支部和广大老同志对部党组、对国土资源管理工作一如既往的关心和支持。感谢老科协国土资源分会在蒋承菘同志的带领下，继续为国土资源事业和发展献计献策，为宣传普及科学知识做出了贡献"。还有不少建言献策材料被部有关司局和有关报刊、网站采用。

分会建立的前些年，以课题研究、科技扶贫为主，完成了 19 项专题研究。此后，由于体制和人员结构变化等原因，分会开始探索开展以科普讲座为主的活动，并多方筹集资金，相继开展了科普读本的编撰工作、分会网站建设和举办科技研讨等多项活动。2003年始，分会又进一步加强多层次、多方面、多形式的科普活动；同时探索并逐步强化了建言献策、网络建设、专题研讨等活动内容。为适应新的形势，2004 年，分会更名为中国老科协国土资源分会后，又相应地增加了有关土地科学方面的研究内容。2011 年 11 月，以探讨和提高国土资源管理水平和推进国土资源科技进步为目的的"专家论坛"专栏正式在分会网站上设立，直接面向社会。

1   老科协国土资源分会取得的主要成果

多年来，分会承担完成了部内外、上级协会和有关地方的科研课题 29 项。在开展地质找矿、资源开发、综合利用、发展地方经济、科技服务、科技扶贫、推广先进技术、标准物质推广应用、发展农业、改善环境、利用新能源、开展技术培训、组织管理乃至改善分会自身的活动经费条件等多方面，都发挥了积极的作用。

地质矿产方面：

完成《非金属矿物在塑料、橡胶工业中的应用研究》报告，介绍了国内外非金属矿物开发利用现状及途径，结合过去在航天部门工作的经验，介绍了非金属矿物在航空、航天的特殊环境条件（如耐热、隔热、防热、抗辐射、抗高低温等苛刻条件）下的多种应用前景，为开发利用非金属矿物提供了更多的参考。

完成《陕西商洛地区金（多金属）矿成矿地质条件和优选靶区建议》研究，为整个小秦岭地区年产 13 吨金矿（规模）增添了一分力量，对当地 10 个贫困县的扶贫工作起了一定作用。

完成《滇桂黔交界地区红土型金矿地质特征与找矿选区研究》，对今后开展相同类型的金矿工作具有参考价值。

完成《中国金矿地质现状及展望》研究课题，指出了寻找金矿的十大找矿地区，对深化东部、扩展西部的找金思路，提出了 7 条建议。

完成《地质项目质量管理模式调研》，对地质成果质量管理现状进行了调研并提出了相应的建议，对完善当前地质找矿管理工作系统存在的各方面质量问题很有意义。

标准物质的推广应用方面：

完成《标准物质的推广应用》课题。经向本行业和全国推广，使我部的测试实验室有了统一标准，从而极大地提高了分析测试数据的质量和技术水平。

地质勘查技术仪器研发方面：

完成《我国地质调查勘查技术装备研发现状及对策》课题，总结了物探仪器装备的研发历程和经验，找出了与国际先进水平的差距，指出了今后的发展方向。

参与地质工作数据现代化建设方面：

完成《二十世纪中国地质工作程度数据库》工程。把其中 1950 年以前的工作课题交给了分会。于 2002 年 10 月提交报告，并移交了资料卡片。

改善沙化环境，促进农业生产研究方面：

完成《利用固体废弃物，改良退化土地，提高作物产量，改善生态环境》课题。取得的成果是：

1）利用粉煤灰和城市污泥研究的两个配方，促使大棚的西红柿增产幅度较大（单株产量比对照组增产 5.5 倍以上，折合亩产增幅更高）。

2）施用配方土，使原有的贫瘠、退化土壤转化成营养丰富、通透性、保水性合理、质地、物性良好的优质土壤，达到了武威地区高产田的标准。

3）在沙化地区种树成活率大于 80%，而且速生，树周围生长出杂草、灌木，未经改良的地区，几乎寸草不生。

4）为当地提出了 6 项建议。

开发利用地下能源和矿泉水方面：

完成《南海区西樵山和里水五元花园开发温泉及矿泉水可行性研究》课题，为该地区开发利用温泉和矿泉水提供了保障。

矿山复垦现状及技术政策研究方面：

完成矿山复垦现状及技术政策研究。本项目对矿山复绿复垦问题提出了 8 项建议。

部与局战略调研项目方面：

承担中国地质调查局委托《中国地质调查发展战略研究》大项目中的两个课题。我分会完成其中"地质调查与科研结合机制研究"与"地质调查科技创新比较研究"报告。

2 老科协国土资源分会科技工作亮点

国土资源老科协 20 多年来承担的科技项目所取得的成果，得到部领导和有关司局与专家的肯定和赞许，社会反响很好。有的项目是中国科协和国土资源部的获奖项目。

如《我国地质调查勘查技术装备研发现状及对策》成果报告，该项目获得中国科协全国科技成果奖三等奖。《地质勘查导报》刊登了课题中提出的有关企业技术创新对策建议的内容，并被编入《人民日报》"有特色、有影响的文集"汇编中。2008 年，国土资源部贠小苏副部长在会员大会上明确指出："该课题项目是在中国科协组织从全国各行各业 230 篇调研报告中评出的 35 篇获奖作品之一，可喜可贺。在中国科协榜上有名，十分可贵，向你们表示祝贺！"

如《20 世纪中国地质工作程度数据库》工程，分会承担其中 1950 年以前的工作课题。于 2002 年 10 月提交报告，并移交了资料卡片。2003 年 3 月 4 日在无锡开会验收。随同整个大项目（中国地质调查局叶天竺负责），获得了国土资源部科技成果奖一等奖。

国土资源老科协，在国土资源部离退休干部局的领导和支持下，正在大力开展国土资源科学文化建设与传播方面的工作。2015 年，包永东秘书长根据上级建议，已经安排 19 次老科技工作者宣讲和传播国土资源改革以及法治方面建设的知识。具体有："老同志宣讲活动"方案安排包括：我国土地规划中的法制建设问题、我国地热能源的开发经验、我国地质灾害防治体会、我国南水北调意义的体会、中国矿产法制定与执行体会、航空物探遥感创新应用体会、矿产综合利用的体会、我国沙漠治理的体会、地质找矿工作经历与体会、国土资源工作规划计划体会、海洋资源与权益工作体会、我国水文地质工作体会、我国尾矿开发利用管理体会、中国食品安全宣传贯彻体会、中国煤炭地质工作管理体会、中国地质科技工作管理体会、地质科技创新工作体会、地球化学管理工作体会、建设绿色矿山的体会。

参 考 文 献

中国地质图书馆编 . 2013. 繁荣地质文化　服务地质找矿［M］. 北京：地质出版社
中国地质图书馆编 . 2014. 弘扬"三光荣"谱写新华章［M］. 北京：地质出版社
史静等 . 2013. 国土资源文化建设现状研究［M］. 北京：地质出版社

试述地勘单位文化建设

堵海燕　叶伟英

（中国地质调查局地学文献中心　北京　100083）

摘　要　地勘文化是地勘单位在长期的发展改革过程中形成的整体价值观的体现，对地勘单位的发展具有深远的影响。本文从当前地勘单位地勘文化建设的现状、地勘单位文化建设存在的问题及原因剖析和加强地勘单位文化建设的建议4个方面探讨了地勘单位文化建设问题。地勘单位在大变革、大转型时期的发展充满了机遇与挑战，应不断提升地勘单位的核心竞争力，实现地勘单位的大跨越、大发展。

关键词　地勘单位　文化建设

在当代社会，文化的重要性越来越凸显。文化是一个民族的灵魂和血脉，是一个国家软实力的集中体现。在全球化进程中，文化更是一个民族的名片，是特定群体历史积淀和时代创造的结晶。只有将地勘文化建设做到"外化于形、内化于心、固化于制"，自上而下开展宣传教育活动，形成一种磁极效应，使干部职工产生文化共鸣，达到了文化渗透，才能拓宽文化的域界，实现文化认同，进而促进地勘文化的繁荣。

地勘文化是地勘单位独特而稳定的思维方式和行为风格，是地勘单位对所面临的内、外部环境的反应，又影响和作用于内、外部环境。地勘单位的思维方式可用"以献身地质事业为荣，以艰苦奋斗为荣，以找矿立功为荣"的"三光荣"精神来概括，地勘单位的行为风格可用"特别能吃苦，特别能忍耐，特别能战斗，特别能奉献"的"四特别"精神来形容。所以，"三光荣"和"四特别"精神是地勘文化之魂，是推动地勘单位不断向前发展的动力。

1　当前地勘单位地勘文化建设的现状

1.1　地勘单位企业文化建设创新的主要内容

地勘单位企业文化建设的重要内容就是确立并弘扬独具本单位特色的地勘精神。例如，陕西省煤田地质局一八六队就根据自身的工作性质，提炼出"崇尚劳动、尊重知识、创新永恒、追求卓越"的工作精神及"团结、拼搏、求实、创新"的工作理念，通过广泛深入的宣传，工作精神深入人心，成为单位职工的奋斗目标和行为准则。

近几年来，地勘单位随着自身发展的内在需要，普遍意识到了地勘文化建设的重要性，地勘单位借鉴、吸收先进的企业文化管理理念，积极培育、建立具有本行业特色的企业文化——地勘文化，进行了有益的探索和实践。地勘单位根据自身发展的需要，创新管理思想，纷纷导入企业文化的管理理念，培育、提炼企业精神、经营理念，打造特色地勘文化，以设计单位形象标志、开展企业精神和各种理念用语提炼、制订职工职业道德规范为标志和以加强精神文明建设、加强职工思想政治工作、开展职工文化体育娱乐活动为载体的地勘文化建设实践方兴未艾，一些地勘单位已经形成了自己的核心理念和比较完整的地勘文化框架体系。

1.2　地勘文化建设的成效

一些地勘单位通过开展地勘文化建设，文化的作用越来越显现出来。

反观地勘文化实践，可以确切地说，加强地勘文化建设，是促进地勘单位发展的迫切需要。随着时间的推移，文化的强大作用越来越明显。无论是单位的领导还是中层干部，都不能只依赖管理工具和制度管人了，还应深入学习和提升管理的艺术。文化是管理的最高境界，围绕人来做文章，通过加强理想、信念、价值观、作风、礼仪等方面的文化渗透，激励干部职工为了自己的梦想去拼搏。

多年来，各类型地勘单位在地勘文化建设中做了许多有益的探索和努力，也取得了较大的成果，形成了各自的地勘文化，积累了宝贵的经验。包括：员工的引进、培训、培养、使用和激励，开展企业传统教育，引导员工不断学习、创新，开展"品牌管理体系"工作，提高企业知名度，组织职工开展劳动竞赛，对职工进行思想教育，组织开展职工文体活动、企业两个文明建设等方面。同时，竞争意识、创新意识、效率意识、市场意识、风险意识、人才意识、服务意识也是地勘文化建设的迫切要求。一些单位利用常年在边远贫穷地区工作的时机，通过加强思想政治教育和制度建设及管理，提高员工的综合素质和个人的外在形象，并利用专业技术和良好的服务态度，热情积极地参加宣传、扶贫、技术服务等社会公益活动，提高了单位的知名度和美誉度。

1.3　辽宁局地勘文化建设举措

辽宁局在几年的发展历程中，高度重视地勘文化建设，以建设"家"文化为基本定位，以发挥优势、探明资源、服务社会、强队富民为主题，大力彰显关爱职工、关心单位、关注社会的团队精神，着力创建"发展之家，和谐之家，幸福之家"，形成了具有时代特征、地勘特色、各队具有各队特点的"家"文化体系，充分发挥了文化的引领、激励和提升作用，用先进的文化理念在职工和单位间建立起一种情感的纽带，最终使地勘单位成为职工的共同利益和精神共同体，成为单位职工依赖的精神家园，形成了一种强大的精神动力源，促进了生产力的发展。

辽宁局以深厚的文化底蕴为根基，结合工作实际，从营造亲情人际关系入手，着重加强以"家"文化建设为核心的地勘文化建设工作。通过开展提炼岗位格言，开展职工践行岗位格言报告会等活动，地勘文化实现"外化于形、内化于心、固化于制"，"家"文化得以落地生根，地勘文化建设取得了显著成效。地勘文化正在奏响一曲创造活力不断进发的新篇章，在凝心聚力等方面发挥了不可替代的作用，有效地引导职工为单位的可持续发展而开拓创新、勇于进取。辽宁局的地勘文化建设有深度、有广度、有创新，工作起点高、标准高。现在辽宁局有3家地勘单位获评"全国企业文化先进单位"，有3家地勘单位获评"企业文化示范单位"。地勘文化建设使地勘单位队容队貌发生了翻天覆地的变化，社会地位和社会影响力大幅提升，职工素质显著提高，涌现出一大批爱岗敬业的先进典型，促进了地勘经济持续健康发展。

1.4 浙江省地质局系统地勘文化做法

半个多世纪以来，一代又一代地质工作者跋山涉水，风餐露宿，满怀豪情地投身于祖国的地质找矿事业，为国家提交了大量探明储量的矿产资源。改革开放以后，地勘人主动适应市场，勇敢迎接挑战，施工领域不断得到拓展，项目遍及浙江大地及全国部分省区，地勘综合实力不断增强。凝结了几代人的不懈努力，经受了历史的沧桑变迁和岁月洗礼及市场考验，地勘队伍的成长发展，始终以"以献身地质事业为荣、以艰苦奋斗为荣、以地质找矿立功为荣"的"三光荣"精神为支撑，激励了地质队员们长期坚守、奉献给国家的一颗颗赤胆忠心的精神。现在，以"三光荣"为核心的地勘精神如同一个人的灵魂，在地勘职工中传承，并在实践中不断创新，涌现出全国先进典型"地勘先锋"——浙江地质七队；涌现了一批又一批具有鲜明时代特色的先进模范人物。同时，地勘单位在打造质量、安全文化，创建标化工地等方面，展示了良好的地勘形象，并提炼出"浙江地矿、百年基础"（一队）；"诚信卓越、和谐义利"（七队）；"物探品质、勘测生活、院兴我兴"（物勘院）等地勘理念；有的地勘单位还成立了职工文工团、文体协会、摄影协会、集邮协会等，有的还举办文化艺术节（七队）、文化建设年（九队、262队）、局和各个队每年都举办地质技术比武、职工运动会（专项比赛）及歌舞比赛，从一定程度上说，为浙江省地质局系统地勘文化注入了新的活力。

2 地勘单位文化建设存在的问题

当前，地勘文化建设在一些地勘单位中取得了可喜的效果，但是发展还不平衡，一些单位起步比较晚，有的还处于企业精神、经营理念的提炼阶段，还没有形成比较清晰的核心价值理念和文化框架体系。

2.1 对地勘文化和地勘文化建设认识不足

认为地勘文化就是企业精神、标语口号、文体活动，提炼地勘文化理念用语、组织开展文体活动就是地勘文化建设；对地勘文化建设认识片面，把地勘文化建设等同于精神文明建设、宣传教育文化活动，没有将地勘文化建设融入单位的经营管理活动之中。个别单位对地勘文化的作用认识不足、不重视，在地勘文化建设中存在形式主义，做表面文章的现象。

2.2 没有把地勘文化纳入战略规划，缺乏市场经济观念的新视角

由于相当一部分地勘单位领导者们还停留在过去的地勘单位建设模式上，所以行动上没有把地勘文化建设纳入到地勘单位新战略规划内。因此，也就无法谈起地勘文化有新视角。实际上，也反映出某些领导对地勘单位发展战略规划的总体思想不完整。

2.3　缺乏创新的个性

地勘文化是某一特定文化背景下该地勘单位独具特色的管理理念及思维模式，是地勘单位的个性化表现，既不能有标准统一的模式，更不能成为迎合时尚的标语。长期以来，一些单位的地勘文化建设忽略了地勘文化的创新的个性，缺乏鲜明的个性特色和独特的风格，因此也就不能发挥出应有的作用。只有突出自己鲜明的特色，才能逐渐树立地勘单位特色形象，不断增强核心竞争力，从而在品牌战略上发挥优势。

2.4　欠缺对地勘文化的深层揭示

把地勘文化单纯看作是一种情感文化源于长时期的计划经济给人们留下的印记还没有全部抹去，尽管现在地勘单位已正式走向企业化，但是树立企业自身的品牌、形象并没有受到重视，只满足把地勘文化建设看成是笼络职工情感的文化。从这种观点出发，往往就把地勘文化局限在搞文体活动、福利活动上，认为企业地勘文化建设不过是打球、照相、跳舞、下棋、慰问病号、让职工高兴一下干活更有劲等。其实，这仅仅是地勘文化建设的一个组成部分，还属于地勘文化中的表层或浅层的东西。

2.5　地勘文化内容缺乏鲜明的个性

地勘文化在一些地勘单位显得内容空洞，个性模糊，企业精神与别人雷同，企业活动缺乏独特性，没有属于自己的语言表述方式和表现方式。再加上领导层本身对此缺乏深入的思考，对相应的知识学习不够，看人家提出了企业精神，也匆匆拼凑几句，结果是，人家有了"创业"，他便有了"创新"；人家讲了"奋进"，他便来个"进取"，并没有多少个性的内容。因此，地勘文化建设，在地勘单位还是任重道远，需要全体同志的共同努力。

2.6　注重形式，忽略内涵

地勘文化是将地勘单位的基本价值观在创业和发展过程中灌输给全体员工，通过教育、整合而形成的一套独特的价值体系，它影响着企业适应市场的策略和处理企业内部矛盾，是企业所独有的一系列准则和行为方式，这其中渗透着创业者个人在社会化过程中所形成的对人性的基本假设、价值观和世界观，也凝结了在创业过程中创业者集体形成的经营理念。只有将这些理念和价值观通过各种活动和形式表现出来，才是比较完整的地勘文化。如果只有表面的形式而未蕴含内在价值与理念，这样的地勘文化是没意义的，也是难以持续的，也就不能形成文化推动力，对地勘单位的发展产生不了深远的影响。

3　原因剖析

3.1　体制机制原因

由于历史原因及地质工作在国民经济中的基础性作用，改革不能采取"快刀斩乱麻"的方式进行，过渡时期的地勘业，属于事企混合体制，这就决定了地勘文化建设在很大程度上采取了事业体制的方式来进行，而对象却是已基本实行企业化经营的地勘企业行为。行业特性的影响、计划体制的惯性、传统习惯的弊端、地域环境的局限、群体心理的沉淀等机制原因，也导致了地勘文化背景的缺失。

3.2 领导认识上的问题

现代文化建设，已渗透到生产经营、技术管理、质量安全、劳动竞赛、企业形象策划等各方面，与经济建设相互兼容发展。地勘单位领导班子管理理念滞后，对地勘文化建设认识有偏差，不重视软实力的文化建设，没有正确认识到文化与业务之间的关系，人为地将文化建设与经济建设分而治之，没能有效地将文化工作与解决实际问题结合起来。有的单位在组织机构建设上没有建立文化建设机构，即使建立了也形同虚设，没有形成长效的工作制度。

3.3 工作方式方法存在缺陷

地勘文化建设方式方法陈旧，目前更多地是依靠传统的价值观教育、思想政治工作、文体活动和一些简单的企业内刊及网站，系统的、完整的、有针对性的文化建设不多见。

3.4 人才短缺的原因

地勘系统以专业技术人员为主体，真正科班出身、具有领军层次和高素质的文化人才非常珍贵，对"人才是第一资源"思想认识有待提高。

4 加强地勘单位文化建设的建议

4.1 逐步建立统一协调的地勘文化发展规划

制定总体规划目标。地勘文化建设是一项复杂的系统工程，涉及方方面面，各单位应结合实际情况，根据经营主业，提出体现本单位个性的价值观，设计富有鲜明特点的地勘文化模式框架，制定近期和长远的地勘文化建设的总体规划、阶段性目标和具体措施，根据部门职能责任严格划分，层层进行目标分解，逐项落实到人，同时，加强宣传思想文化部门的队伍建设，进一步理顺领导体制，形成各单位领导负总责，各有关部门共同参与，分工协作，齐抓共管的工作格局。另外，还要把文化建设的实绩和本领，作为对干部任用、部门考核的奖惩依据。

4.2 充分发挥一把手在地勘文化建设中的关键作用

发挥领导主导作用。各单位主要领导，不仅是地勘文化建设的倡导者和设计者，更应当是地勘文化建设的模范实践者。首先，每个领导要亲自组织，利用宣传工具，广泛深入地宣传地勘文化，在单位里形成一种浓烈的舆论氛围，使全体职工在潜移默化中接受文化倡导，自觉约束个人行为。其次，领导者通过自己的行为向全体职工阐述单位价值观念。地勘文化是一个动态的概念，领导者要有超前意识和长远眼光，在坚持地勘文化相对稳定性和长期连续性的同时，根据情况变化，及时更新地勘文化的有关内容。同时还应取得职工的信任和支持，增强职工对单位的归属感和荣誉感，以利于地勘文化的形成和发展。

4.3　进一步改进评价体系，强化导向机制

积极推广地勘文化建设考核评价体系。要把对职工思想政治工作和文化建设工作的指导纳入到各单位工作目标中，执行情况纳入考核体系中，并与单位负责人的年度绩效考核挂钩。进一步完善职工思想政治工作和文化建设工作评价体系，使其符合地质调查工作特点，符合时代要求，并能激励各局属单位主动工作，推动局属单位各项工作良性发展。

4.4　进一步健全保障体系，提供物质及资金支持

各级党政组织要为职工思想政治工作和文化建设的开展提供必要的物质条件和经费保障。积极创造条件，建设和改善职工文化活动阵地，配备相应器材，活动经费应纳入各单位年度经费预算，保证职工思想政治工作和文化建设工作顺利开展。

4.5　地勘文化建设要与时俱进，不断创新

企业文化建设要与企业的发展状况、外部环境联系起来，与时俱进，充分发挥其在企业发展过程中的核心作用。地勘文化既要保持其核心价值观不变，又要不断创新它的内涵与表现形式，增添新的文化内容。

4.6　建设富有特色的地勘文化，应建立规范性和创新性的管理制度

企业制度是企业文化的主要载体，是企业文化相对固定的表现形式，制度体现了企业管理的刚性原则，通过鼓励与约束、赞赏与惩处，最终达到企业控制的目的。好的企业文化需要有良好的制度作为支撑，地勘单位在从完全计划管理模式过渡到市场经济管理方式时，要注重制度创新，形成既能适应市场经济要求，又能充分调动广大职工积极性和创新性的制度。

4.7　建设企业地勘文化，应贯彻落实科学发展观，体现以人为本的发展理念

在地勘文化建设中，要融入职工的意识，要体现以人为中心，重视人、尊重人、培养人，发挥人的作用。要把培养和造就一支优秀的人才队伍放在重中之重的位置上，不断加大人力资源的开发力度，通过"感情留人、事业留人、待遇留人"，积极营造有利于吸引人才、用好人才、留住人才的良好环境和氛围。

4.8　创新文化是地勘单位核心竞争力得以持续提高的动力

创新是一个民族的灵魂，是国家和民族兴旺发达的不竭动力。地勘单位必须坚持理论创新、制度创新、管理创新、技术创新、服务创新等，才能在激烈的市场竞争和不断深化的改革中不断扩大生存与发展的空间，与时俱进。地勘单位企业文化创新必须体现时代性，富于创造性，要进一步解放思想，放宽眼界，努力按照新形势和新任务的要求，积极探索地勘单位企业文化建设的新内容、新形式和新方法，大胆融合与吸纳一切先进的文化元素，创造新经验，总结新成果，使本单位企业文化充满生机与活力，突出重点，展现亮点，形成富有自身特色和优势的企业文化。

总之，通过地勘文化建设，就是要达到这样的目的——让学习成为工作的常态，让知识成为腾飞的翅膀，让标准成为品牌的名片，让质量成为市场的广告，让制度成为行为的规范，让安全成为工作的习惯，让沟通成为理解的桥梁，让和谐成为发展的基础，让努力成为理想的风帆，让成功成为幸福的港湾。

参 考 文 献

文志勇 . 2013. 地勘单位职工队伍建设探究［J］. 中国职工教育，(14)：56～57
姚海波 . 2012. 结合地勘单位实践探讨企业文化建设［J］. 产业与科技论坛，(7)：190～191
智海莉 . 2012. 浅论地勘单位企业文化建设［J］. 陕西煤炭，(4)：147～148
杨长健 . 2012. 浅谈地勘单位企业文化建设创新［J］. 陕西煤炭，(5)：134～135
陈少峰 . 2009. 企业文化与企业伦理［M］. 上海：复旦大学出版社
王国辉 . 2015. 谈新形势下的地勘文化建设［J］. 合作经济与科技，(1)：132～133

地质期刊在抗战时期的作用与贡献

焦　奇　徐红燕　堵海燕

（中国地质调查局地学文献中心　北京　100083）

摘　要　日本的侵华战争给中国人民带来了沉重的灾难，也给地质工作的开展带来了影响，但地质人在极为艰苦条件的情况下，不畏困难，埋头苦干，使地质事业乃至地质期刊得以发展，用其特有的方式表达了对日本侵略的抵抗。本文系统梳理了全面抗战时期的地质期刊概况，包括分类，简析期刊发展的原因，总结地质期刊在抗战期间发挥的作用及做出的贡献。

关键词　抗战　地质期刊　地质事业　贡献

全面抗战（1937～1945 年，本文抗战时期即指全面抗战）爆发后，中华民族遭受了空前的灾难，中国的地质事业也遇到了前所未有的困难，随着政治文化中心的西移，西部地区成为抗战大后方，我国的地质调查研究机构大多迁至西南一带，高等院校也纷纷西迁。

战事混乱及频繁迁移，导致地质资料的破坏与遗失。而经济动荡、物资匮乏也使地质工作的开展及地质期刊的印发受到了影响。在中国共产党倡导建立的抗日民族统一战线旗帜下，地质前辈们努力工作，将地质调查成果通过地质期刊等媒体进行传播，为抗战的胜利做出了宝贵的贡献。

1　主要地质期刊的概况

随着地质研究机构及高校的西迁，西部的地质事业得到了相应发展，地质期刊也随之蓬勃发展。这一时期的期刊主要为全国性的地质机构、学会、高校及地方地质机构所办，具体如下：

1.1　全国性的地质机构

1.1.1　中央地质调查所

中央地质调查所是我国创建最早、规模最大、影响最广的地质调查研究机构，历任所长都非常重视地质调查及研究成果的交流，成立初期就先后创办了多种学术刊物。

《地质汇报》是不定期的综合性的地质调查大型研究报告论文集，主要刊登篇幅不大的地质调查报告和专题论文。1919 年创刊，在抗战前已刊出第 1 至 30 期，抗战初期 1938～1942 年办刊第 31 至 35 期，其中 1938 年出刊了两期，1939、1943 及 1944 年由于战火而停刊，1945 年抗战胜利后很快刊出第 36 期——云南专集。

《地质专报》分为甲、乙、丙 3 种，为中国地质矿产矿床专题研究成果。甲种于 1920

年创刊，全面抗战前已刊出第1至14期，抗战期间（1937～1945年）坚持出刊15至20期，1947年第21期出刊后停刊。乙种1919年创办第1期，1936年后未印发。丙种自1911～1942年共出刊第1至7期，即第1次至7次中国矿业纪要，其中1941年编印第6期，由金耀华编；1945年编印第7期，由白家驹编，1945年停刊。

《中国古生物志》创刊于1922年，分为甲、乙、丙、丁4种，1950年后由中科院南京地质古生物所和古脊椎动物与古人类研究所主编出版。甲、乙、丙、丁4种期刊在抗战期间没有刊印，但1938年刊出新甲种第1期；1938年印发新乙种第4期；1937～1941年出刊新丙种第1至11期，1947年出刊第12期；1937～1943年出刊了新丁种第1至10期。

《土壤季刊》由所土壤研究室于1940年7月创办，至1946年共办刊5卷，前4卷为1945年前出版，每卷4期，1946年编印的第5卷为3期，主要刊登对中国土壤的调查和研究报告。

《土壤特刊》创刊于1936年，分为甲种和乙种，甲种共出刊5号，以基础学科、土壤与农业、土壤与地理等专题为主，抗战期间分别出版了4期和5期。乙种于1937年和1938年共出刊4期，第1、2、3期为专著，第4期为论文集。

该所和北平研究院地质研究所还合办了《土壤专报》不定期刊，1930年创刊，主要以出版区域土壤调查报告为主。抗战期间出版了第19至24期。自1945年第25期起改由中国科学院出版。

1.1.2　中央研究院地质研究所

该所主要从事地质理论研究，以构造地质（地质力学）、第四纪冰川、古生物研究等方面的成果最为突出。1931年8月于南京创刊的《国立中央研究院地质研究所丛刊》，共办8期，1937年出刊第6期后因战争影响停止发行，1948年分别编印第7、8期后停刊，主要刊登地质调查报告和专题论文；该所还出版了《国立中央研究院地质研究所集刊》（1928～1949年），共12期，抗战期间未出版；另外在抗战前出版了《国立中央研究院地质研究所专刊》甲种共7期，乙种于1934年和1937年出版了两期。

1.1.3　资源委员会矿产测勘处

矿产测勘处的前身是叙昆铁路沿线探矿工程处，是经济部资源委员会为开发叙昆铁路沿线的矿产资源，会同有关机构设立的，谢家荣为总工程师并主持处务。1940年成立西南矿产测勘处，1942年改组为经济部资源委员会矿产测勘处。《矿测近讯》于1941年创刊，至1945年10月为油印的内部刊物，不定期办刊共56期，从1945年11月即第57期起改为铅印，为月刊公开发行，该刊的目的在于报道地质探矿工作情况，沟通内外消息，内容有实地调查报告及专门论文、翻译文章等。1941年创办了《临时报告》，至1945年共编印51期，主要刊登该处的矿产调查报告。1941年创办了《年报》每年1期共办6期，于1946年停刊，主要介绍矿产测勘处工作进展情况。1942年还创办了《地质矿产消息》，有十余期。

1.2　学会

这里主要指中国地质学会，它是中国地质工作者自行组织的学术团体，没有专门的工作机构，自成立之日起，一直挂靠在中央地质调查所，因此出版的两个刊物《中国地质学会志》《地质论评》的编辑、出版、发行工作均由地质调查所承担。

《中国地质学会志》创刊于 1922 年，为季刊，每年出 4 册合为 1 卷。主要刊载会员平时调查研究报告及每届年会上宣读的论文，其中也兼收外国学者在华的考察结果，用英文或德文、法文发表，是我国创办较早且影响较大的地质定期学术期刊，抗战期间一直坚持出版，没有停刊。

1936 年中国地质学会出版了"我国目下唯一之中文定期地质刊物（谢家荣，1936 年 3 月地质论评发刊辞）"——《地质论评》双月刊，每年 1 卷，每卷 6 期，全面抗战爆发后虽然遭受了严重的资金困难，仍矢志继续出版，内容亦力求完善，该刊不仅刊登地质科学工作成果，同时刊登野外实际资料的综合、室内试验研究数据的整理及新技术新方法的应用等方面的报告，还设有地质界消息、书刊评述等栏目。

1.3 高校

清华大学与北京大学、南开大学南迁昆明组成西南联合大学，由清华大学地学系成立的清华大学地学会于 1943 年 4 月创刊了《地学集刊》，1948 年 12 月停刊，每年 1 卷，共办 6 卷 25 期。1943 年 11 月该会创刊的《地学集刊专刊》为不定期刊，至 1944 年 7 月刊出 7 期，共办 9 期，停刊于 1947 年。还有些高校的矿冶工程学会在抗战期间创办了一些期刊，但都比较短暂，一般仅办 1 至 2 期，如湖南大学矿冶工程学会于 1940 年创办《矿冶期刊》，但只有 1 期。

1.4 地方地质机构

两广地质调查所于 1943 年创办《地质集刊》和《地质矿产报告》；江西地质调查所于 1938 年创办《江西地质调查所临时报告》、1939 年创办《地质汇报》和《江西地质调查所工作报告》、1941 年创办《土壤专刊》；四川省地质调查所于 1938 年创办了《四川省地质调查所丛刊》，为不定期刊，共办 8 期，于 1945 年停刊；新疆地质调查所于 1944 年创办了《地质矿产简报》，等等。

地方地质机构由于经费困难及战争的影响，所办期刊的刊期一般较短，但刊载的论文却是中国地质事业发展的宝贵资料。

2 地质期刊发展的原因

2.1 地质科研机构的集中

科研机构及高校的大部分西迁，地质调查所、中央研究院地质研究所等地质机构相对集中一域，所开展的工作，促进了当地地质事业的发展，西部的地方地质机构也随之成立，在此背景下地质期刊也得以发展。

2.2 相对稳定的环境

西部地区虽然也曾历经炮火，有土匪的影响，但相对于东北、华北等其他地方，环境相对稳定，受炮火影响较小，便于地质工作者开展调查研究，及时发表重要的论文和学术著作，因此地质期刊有了稳定的稿源，有了地质期刊的繁荣。

2.3 地质工作者的奉献

战时条件非常艰苦，物资供应困难，交通不便、治安不好，但这都阻挡不住地质工作者寻求科学真理之路的决心，面对后方急需矿产资源的迫切要求，中国地质工作者坚持开展调查工作，发现了一大批具有工业开发价值的煤、铁、油等矿产资源，撰写了诸多具有战时特点的地质报告，许多成果发表在地质期刊上提供战时所需矿产资源信息。

3 地质期刊的作用与历史贡献

地质期刊除了一般期刊的作用及特点外，在抗战时期发挥了特有的作用，做出了积极的贡献。

3.1 记录并宣传了战时中国地质学的重要成就

《地质汇报》《地质专报》《地质评论》等期刊记载了重大地质成果，发表了大量的关于地质矿产方面的论文、报告，如《地质论评》，据第3卷（1938年）～10卷（1945年）的不完全统计，其中关于石油方面的有4篇，煤炭方面的19篇，铁矿方面的有9篇。国民政府最需要的矿产资源——有色金属方面的有20篇，贵重金属、非金属矿产有9篇，地质综述及其他方面的文章有15篇。这些宝贵的地质资料，不仅为抗战时期资源的开发和利用提供了科学的依据，而且反映了我国地质工作者在国家危难期间，以实际行动报效祖国的爱国情操，也反映了在大敌压境的形势下，中国科研事业没有被外族的气势汹汹所压倒，反而焕发出更绚丽的光辉。

3.2 地质期刊促进了地质事业的发展

抗战期间除迁入西部的地质研究机构外，还成立了一些地质机构，1937年四川地质调查所成立；1940年资源委员会西南矿产测勘处成立；1939年西康地质调查所成立等。这些地质科研机构克服重重困难，坚持进行地质矿产调查勘探及研究工作，发现了许多有价值的矿产，如攀枝花铁矿、贵州遵义锰矿、云南昆阳磷矿、贵州中部铝土矿、甘肃及新疆的油矿等。这些地质调查勘探的成果都是以报告或论文的形式刊登在地质期刊上才得以传播、交流和指导当地地质事业的发展。地质事业的发展促进了地质期刊的繁荣，反之，又进一步促进了地质事业的发展。

3.3 成为抗战时期地质工作者宣传和凝聚人心的平台

中国的第一种地质学中文期刊——《地质论评》，创办时正值中国内忧外患时期。日军已占领整个东三省，西南又被英帝用所谓"麦克马洪线"划走了9万平方千米的国土，"为表达我地质学者的爱国之心和忧愤之情"，特设计了右上角和左下都有缺口的刊头图案。《地质论评》1936年3月开始出版，主编为谢家荣，"七七事变"爆发后，谢家荣拒绝了日人控制的伪"北京大学"教授的聘任，克服重重困难，坚持在北平出版了2卷第4、5期后，辗转南下，赴广西进行地质调查工作，第6期由杨钟健接手迁到长沙出版。1938年9月1日又迁到重庆印行。

《地质论评》第2卷第6期刊发了《翁文灏先生告地质调查所同人书》及杨钟健的

《非常时期之地质界》，第3卷第1期刊载了翁文灏的《再致同人书》，号召地质学家克服艰难险阻，坚持勘查矿产资源，保家卫国，支持抗战。

地质期刊在艰苦的抗战年代，积累了大量的原始地质资料和地质资料线索，荟萃了战时地质科学研究的重要成果，为地质科学的发展和地质科学知识的普及做出了重要贡献，为国民政府提供了地质矿产信息，为抗战的胜利积累了资源，同时也记录了抗战时期我国地质科学家为国家和民族的复兴，不辞艰苦地开展调查、发掘和研究整理工作，为抗战的最终胜利贡献了无形的力量，这种爱国主义精神激励着更多的地质后人，成为中华民族宝贵的精神财富。

参 考 文 献

陈梦熊，程裕淇 . 1996. 前地质调查所（1916～1950）的历史回顾 ［M］. 北京：地质出版社

段晓微 . 2004. 略论抗战时期的中国地质科学成就 ［D］. 全国党史学术研讨会论文集

李学通 . 2005. 中国抗战中的科技力量 ［C］. 中国抗战与世界反法西斯战争——纪念中国人民抗日战争暨世界反法西斯战争胜利60周年学术研讨会文集

张银玲 . 1994. 中国西南地区近代地学期刊发展史略 ［J］. 西北大学学报（自然科学版），（3）：275～280

张银玲 . 2005. 中国地质学期刊的演进 ［J］. 河北农业大学学报（农林教育版），（4）：32～38

张银玲 . 2001. 中国地质学会及其创办的地质期刊 ［J］. 中国科技期刊研究，12（4）：316～317

新常态下创新地质调查单位
思想政治工作探讨

陈 建 农

（中国地质调查局西安地质调查中心　西安　710054）

摘　要　做好新形势下的思想政治工作对于新常态下地质调查工作十分重要。思想政治工作是一项具体、复杂的系统工程，必须以发展的眼光、科学的态度，认真对待发展过程中出现的新情况、新问题，做到理论、内容、形式、方法上的与时俱进。以创新的精神，不断为推动新常态下地质调查工作健康发展提供坚实的思想和政治保证。

关键词　地质调查单位　思想政治工作　创新发展

1　地质调查单位思想政治工作创新的必要性和现实意义

1.1　思想政治工作创新的必要性

　　思想政治工作作为一门学科具有不断发展的必然性，对过去传统的思想政治工作中暴露出的问题和缺陷，需要通过创新加以解决。为什么在有的地区、有的单位职工群众对利益、权利等问题的诉求，需要通过怨言、牢骚、上访等举动发泄出来，甚至有的问题变得难以处理呢？这充分说明，新时期思想政治工作仅仅靠说服、教育和引导是远远不够的，需要通过一定的制度、机制和教育方式以及教育方法的改进和创新加以解决，以不断适应形势发展的需要。

1.2　思想政治工作创新的现实意义

　　一是适应改革发展的大环境，运用现代科学的管理思想和管理方法，使管理硬要素和软要素更加协调一致，进一步提高地质调查单位思想政治工作的文化含量和科技含量；二是要加强地质文化建设、学习型组织建设，使其与思想政治工作和谐发展，达到最理想的效果；三是加强职工队伍素质建设，使知识结构、文化结构得到明显改善，综合素质不断提高；四是指导思想政治工作自身建设不断完善和发展，需进行科学、系统地思想政治工作研究；五是强化思想政治工作的服务职能，努力提高地质调查单位在社会上的认同度和影响力，解决好职工反映的热点、难点问题。

2 正确认识地质调查单位思想政治工作面临的新情况和新问题

2.1 地质调查思想政治工作面临的新情况

一是各种网络媒体给思想政治工作带来新情况。目前，网络技术在给职工工作生活带来方便的同时，也带来了不少的负面影响，各种不良思想、错误思潮也进入了职工的头脑，使职工真假难辨，良莠不分。特别是手机网络的迅速普及给人们思想带来的冲击是始料不及的。因此，思想政治工作面临着网络信息化的挑战。二是新技术、新知识给思想政治工作带来新情况。近年来，我们地质调查单位为了加快发展，在不断引进、消化和吸收新技术、新知识的同时，各种思潮和不同的价值观也随机而入，给职工思想形成了很大的冲击。这就要求思想政治工作必须教育和引导职工正确地学习和掌握新知识、新技术。因此，思想政治工作面临新知识、新技术的挑战。三是地质事业单位的改革给思想政治工作带来新情况。地质调查单位不断进行调整和改革，使管理体制、组织形式、工作机制都将发生深刻变化，如何协调各方面的组织关系及工作关系，是思想政治工作面临的又一新情况。

2.2 地质调查思想政治工作面临的新问题

首先，随着地质事业单位改革的不断深化，职工的思想观念、价值取向发生了新的变化，呈现出多元化发展趋势，思想更加活跃，观念不断更新，精神文化需求日益增长且复杂多样。因此，统一职工思想的难度比以往任何时候都大了。其次，从九十年代到现在，地质调查工作由低迷到鼎盛，进行了新旧体制交替，建立起的新体制使长期积累下的深层次矛盾和问题充分显露出来。特别是近年来国家进行事业单位改革，有一些职工不可避免地产生一些思想困惑和心理压力，思想领域的热点、难点问题日益增多，保持队伍稳定的难度加大。第三，地质调查工作融入了市场经济，市场经济的趋利性更易滋生个人主义、拜金主义、享乐主义，淡化艰苦奋斗的精神，造成部分人的期望值与现实生活落差较大，心理失衡，影响职工队伍稳定。第四，思想政治工作自身的发展落后于其他学科。前几年由于地质调查工作的鼎盛和繁荣，单位的注意力聚焦到业务工作上，普遍存在一手硬、一手软的现象，使思想政治工作没有很好地落实到基层和职工个人。

3 立足实际，努力实现思想政治工作在理论、内容、形式上的创新

第一，加强理论学习创新。首先，以科学理论和新的理论武装职工群众的头脑，摆正理论和实践的关系，不断从实践中吸取新鲜经验来丰富和发展理论。说到底，就是要解放思想，即从对旧理论的迷信和行为的束缚中解放出来。其次，必须进行思想政治工作与地质文化建设的辩证关系、思想政治工作与建立现代地质事业单位管理制度的关系、思想政治工作如何适应市场经济要求、思想政治工作如何运用现代科学理论等方面的理论研究。

一是深入学习建设有中国特色的社会主义理论和习近平同志关于党建工作的重要论述，并运用这些科学理论去分析、认识思想政治工作面临的新情况、新问题，确立思想政治工作的理论指导地位。二是学习与地质调查单位发展改革密切相关的经济知识、技术知识、管理知识和法律法规，特别是要学习好党的四中全会通过的《中共中央关于全面推进依法治国若干重大问题的决定》，牢固树立依法治国的理念。三是把学与用、知与行结合起来，着眼于科学理论和知识的运用，着眼于对实际问题的理论思考，着眼于新的实践和新的发展。四是借鉴现代管理理论，结合思想政治工作实际进行探讨、研究，实现方式方法的创新。

近年来，西安地质调查中心在坚持搞好常态化的理论学习的基础上，重点抓好党委中心组理论学习和党员的理论和学习带头作用。围绕"中央公益性地质工作定位""生态文明建设与地质调查""地质调查工作调整与发展""地质调查与科技创新""党风廉政建设"等专题，围绕找矿突破战略行动和建设一流地调局目标，根据新时期地质工作机制体制的变化，结合西北地质调查工作实际开展研讨学习。在学习讨论中针对地质调查工作中出现的问题和群众关心的热点问题和难点问题进行探讨。发挥干部和党员在群众中的影响力和感召力，用正能量推动思想政治工作向纵深发展。同时在广大群众中开展各种征文和知识竞赛活动，大力宣传和表彰先进人物和先进单位，用先进人物的事迹感召力影响广大群众、团结广大群众。并就如何坚持以人为本，在单位内部营造公平、公正、激励的环境和氛围；如何以地质文化建设为新途径，增强思想政治工作的新颖性和实效性等方面，开展了理论上的研究、探讨，取得了好的成果。

第二，开展内容创新。思想政治工作的根本任务，是培育一支有理想、有道德、有文化、有纪律的职工队伍。因此，在不同时期不同阶段，思想政治工作的内容都要有所侧重。尤其是在经济成分和经济利益多样化、社会生活方式多样化、社会组织形式多样化的情况下，地质调查单位的思想政治工作更要在增强针对性、实效性上下功夫，适应形势、面对现实、抓住热点、解决问题。结合实际，我们在思想政治工作内容创新方面主要做了以下几个方面尝试：一是为进一步推进党务和业务工作的融合，增强基层党组织作用的发挥和促进处室（部门）党务、政务、业务的有效结合，切实增强党的建设工作，在大的业务处室设立党总支，总支书记按照正处级干部设置，协助处室主要领导进行行政管理、发展目标的规划、人才队伍建设和党的建设工作。让群众从思想上感到党组织的存在，感觉到党组织的本部门业务、行政、团队建设和党务管理工作中发挥着应有的作用，提高党组织的向心力和凝聚力。二是围绕党建主动服务于业务建设的总体要求，我们开展了以"抓基层、打基础、全面活跃党支部"为主题的百分竞赛活动，不断加强和改进党建工作，发挥出良好的激励导向作用。开展了"横向联合　互促共进"活动，有效推进西安地质调查中心党组织创先争优活动，积极构建"横向联合　互促共进"的开放式党建工作新格局，拓展丰富创先争优活动的内容形式，强化综合管理与地质调查工作服务功能，调动各方面有利因素，以实际行动为做好思想政治工作提供有利平台，能够让群众感受到党员就在他们身边。三是青年是中国的未来，也是我们地质调查工作的未来，做好青年的思想政治工作是一项前瞻性的工作，工作十分艰巨但有着十分重要的意义。2012年，中心党委决定以团委为基础建立了青年工作委员会，把团的工作覆盖到了中心全体青年，从体制机制为做好青年工作提供了组织保证。青工委成立以后，他们开展了青年思想论坛、清学术报告会，开展了各类竞赛活动、到贫困地区开展帮扶活动。同时针对年轻的特点，组织他们开展野外拓展训练和形式多样的体育文艺活动，期望通过各类有益的活动，把年青一代锻造成有理想、有追求、有能力、会工作、身体好的新一代青年。四是围绕中心中长期发展规划、业务发展、人才队伍和地质文化建设，加强宣传力度，形成积极向上、团结活泼的思想政治局面。五是继续发挥我们自己"一报一刊一网一栏"的宣传作用，营造积极向上的工作和生活环境，以业绩提振士气，以榜样鼓励职工。还要充分利用地方和行业主流宣传媒体，宣传中心发生的重要新闻和重大事件，不断提升在社会上的认知度和影响力。使宣传接地气、聚人气，让群众爱听爱看、产生共鸣，充分发挥正面宣传鼓舞人、激励人的作用。六是加强廉政建设，形成风清气正的环境是做好思想政治工作的重要基础。多年来，中心党委十分重视加强党风廉政建设，采取多种措施在中心夯实做好政治思想工作的基础。一是在职工中强化廉政思想和意识教育。组织干部职工学习中央有关党风廉政方面会议和领导讲话精神，领会精神实质，统一思想认识。坚持用正反两方面典型案例进行警示教育。以违规违纪典型案例为廉政警示教育素材，组织党员干部认真学习讨论。青工委按照党委的要求在青年职工中同步开展廉政教育。二是落实廉政目标责任，加强廉政风险防控。搭建了三级党风廉政建设责任平台，以廉政目标责任为抓手，做到了党风廉政建设责任制全方位覆盖。三是深化事务公开和效能监察机制，强化制度执行力。深入贯彻和落实中央"八项规定"，进一步规范经费运行，强化中心制度的执行力。四是开展廉政文化建设，营造风清气正的环境。继续开展了深入推进中心惩治和预防腐败体系建设，开展了增强广大干部职工廉洁自律意识的"廉政月文化"活动，廉政绘（漫）画、书法作品征集活动和廉政知识竞赛答题活动，中心全体职工共630余人参加答题活动。营造出了廉荣贪耻、风清气正的文化氛围，为中心做好思想政治工作提供良好的环境。

第三，创新做好思想政治工作的有效途径。一是要多途径做工作，不要把政治思想工作独立化、简单化，向层次教育转变，从单向灌输向自我教育转变，从被动应付向超前预防转变，从单纯说理向解决实际问题转变，提高职工群众自我鉴别、自我净化和自我提高的能力。单位作出的每一项决策，出台的每一项制度，实施的每一项行动，完成的每一项工作都与做好思想工作有着深刻的联系。二是在设备手段方面，充分利用计算机、多媒体、局域网络和手机等现代化设备，做好高科技条件下的思想政治工作。三是加强地质文化建设、学习型组织建设，以此拓宽思想政治工作的领域，增强思想政治工作的新颖性和实效性。四是加强思想政治工作与其他社会科学（如心理学、社会学、管理学等）的边缘性、交叉性课题的研究和探讨，借鉴和运用其他社会科学的方法和手段，拓展思想政治工作的生存空间和发展空间。五是运用现代社会新的理论（如系统论、信息论、控制论），为思想政治工作提供分析问题和处理问题的新方法。近年来，西安地质调查中心积极实施地质文化建设战略，积极培育精神文化、建立人本文化、构筑管理文化，推进地质文化向习俗化、社会化方向延伸，不断优化单位改革发展的内外部环境，激发和调动了广大职工群众的积极性、创造性，使思想政治工作和地质文化建设在共同实践中，达到了和谐发展、同频共振、互补联动的满意效果，实现了职工思维方式和工作方式上的与时俱进。

改革发展新时期职工思想动态调研及对策建议

刘 洁 兰书慧

（中国地质调查局天津地质调查中心 天津 300170）

摘 要 本文结合公益性地质调查工作的突出特点，以公益性地质调查科研事业单位中的 A 单位为研究个例，综合运用问卷调查、访谈调查、系统分析等多种分析方法，分析 A 单位职工在思想、工作、身心、生活等方面的状态（简称"四态"）以及存在问题，运用马斯洛需要层次理论、弗鲁姆的期望理论对职工需求进行具体分析，探究职工对单位业务发展与学科建设、人才培养与队伍建设、日常管理与职工生活等方面的实际需求，针对职工思想状态提出对策建议。

关键词 新时期 职工思想动态 对策建议

引 言

当前，伴随着我国经济进入新常态，地质调查事业正处于改革发展的关键时期。在地质工作进行战略性结构调整，地质调查体制机制改革全面推进的大背景下，公益性地质调查科研事业单位应主动适应新形势的要求，以"瞄准重大需求、解决重大问题、聚焦重大目标、形成重大成果"为导向，积极探索推动地质调查持续发展的有效途径。建设一支高素质高水平的人才队伍，营造和谐稳定、积极向上的工作氛围，为实现中国地质调查局提出的"建设世界一流地调局"的宏伟目标提供强有力的思想和组织保证。因此，要深入了解和掌握职工的所思、所想、所需，有针对性地进行解惑释疑，营造正能量，为推动地质调查事业的改革发展提供有力支撑。

1 职工"四态"调研基本情况

在 A 单位开展职工"四态"调研主要采取问卷调查和访谈调查相结合的形式。"四态"调查问卷采用无记名的方式，面向单位全体职工发放问卷 243 份，收回 201 份，问卷收回率为 83%。在收回的调查问卷中，有 190 份填写了年龄信息，其中：35 岁以下 123 人，占 67.74%；36~50 岁 21 人，占 11.05%；50 岁以上 46 人，占 24.21%。有 181 份填写了职务信息，其中：单位领导 3 人，占 1.66%；中层干部 35 人，占 19.34%；普通干部职工 143 人，占 79.01%。有 178 份填写了岗位性质，其中：行政管理岗 27 人，占

15.17%；专业技术岗 151 人，占 84.83%。

运用访谈调查法，分别召开由 A 单位部门负责人及党支部书记，青年技术人员，团委和团支部委员等不同范围人员参加的座谈会，共 60 余人参加。围绕当前广大干部职工最关心的问题、制约单位发展的最主要问题和实现个人发展的影响因素等问题，了解职工实际需求，广泛听取意见和建议。

2 职工"四态"调研情况分析

2.1 调查问卷数据汇总

2.1.1 职工思想状态方面

当前 A 单位干部职工队伍总体精神状态良好，对建设一流地调局目标充满信心，能够正确认识并积极应对当前地质调查事业改革发展形势。86.57% 被调查人员认为中国地质调查局提出的建设世界一流地调局目标是有难度，但通过努力可以实现。

在地质工作战略性结构调整和全面推进地质调查体制机制改革的新形势下，职工普遍关注事业单位分类改革、地质调查运行机制改革、地质科技体制改革等宏观形势，普遍关注改革与地质调查工作之间的关系，关注改革对自身利益的实际影响，比如项目的持续性和经费保证等与职工工资待遇等紧密相关的问题（图 2.1）。

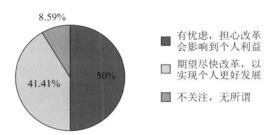

图 2.1　A 单位职工对事业单位改革看法统计图

职工目前的迫切需要主要集中在提高待遇、学习培训、发展平台、赡养老人和抚养子女给予的帮扶以及职务晋升等方面（图 2.2）。

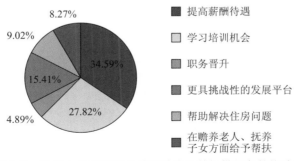

图 2.2　目前 A 单位职工最希望单位为其提供的条件统计图

2.1.2 职工工作状态方面

当前 A 单位绝大多数职工在地质调查工作中能够适应当前工作节奏，脚踏实地开展工作，但普遍感到工作压力比较大（表 2.1）。多数职工认为在地调局业务平台中能够找到位置并发挥作用，部分职工认为作用未得到充分发挥（图 2.3）。影响职工工作积极性的主要因素包括激励机制不健全、人际关系复杂、收入待遇低、工作不被领导承认等因素（图 2.4）。

表 2.1　职工工作状态汇总表

序号	工作状态描述	被调查人员的占比情况
1	能够适应当前的工作节奏	83.25%
2	很清楚工作职责	80.71%
3	大部分时间能专注于工作	90.36%
4	工作压力比较大	69.90%
5	爱岗敬业，能把许多精力投入到工作中	77.16%

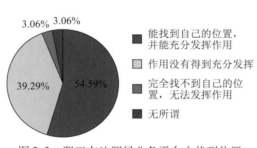

图 2.3　职工在地调局业务平台中找到位置
并发挥作用情况统计图

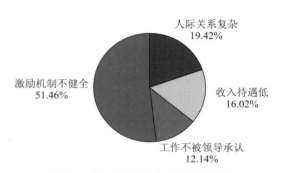

图 2.4　职工认为影响工作积极性的
因素统计图

被调查人员在选择自己当前的工作状态时，除了 77.16% 的人认为自己"爱岗敬业，能把许多精力投入到工作中"，还有 7.61% 认为自己"感觉前途渺茫，缺乏工作动力"，14.21% 认为自己"工作有无积极性关键看领导如何调动"，1.02% 选择了"无所谓，想干就干，不想干就不干"。

2.1.3　职工身心状态方面

随着单位承担的地质调查工作任务量在不断增大，工作节奏加快，职工队伍身心状态不容乐观（表 2.2），压力大已成为当前职工队伍中的普遍现象，多数职工不经常或不愿

表 2.2　职工身心状态情况汇总表

类别	身心状态描述	被调查人员占比情况
身体状况	身体状况良好	58.50%
	小病不断，处于亚健康状态	26.50%
	没什么病，但感觉很累	15.00%
身心状态	感觉身心愉悦，状态很好	52.04%
	感觉状态不佳，对身心健康紧张不安	29.08%
	没有刻意关注过	18.88%

意跟家人或朋友讲述自己在工作或生活中遇到的问题（图2.5），超过一半的职工遇到困难选择一个人解决（图2.6）。

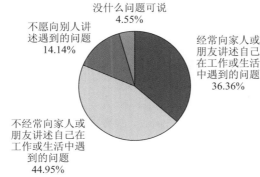

图 2.5　职工是否经常向家人或朋友倾诉的情况统计

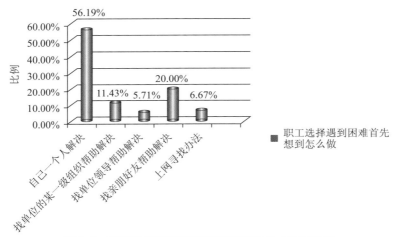

图 2.6　职工选择遇到困难首选的解决方式情况统计

2.1.4　职工生活状态方面

职工普遍对自己目前的生活状况满意度比较高，满意度达84.00%，生活中的压力主要来源于住房和子女教育等方面，其中52.55%认为是"住房"，42.35%认为是"子女教育"，5.10%认为是"婚恋问题"。在生活方式方面，24.00%会坚持健康的生活方式，69.50%认为"有一些不健康的方面，但会努力改变"，5.50%认为"很不健康，但无力改变"；业余时间25.05%选择了"看书学习"，23.84%选择了"上网，看电视"，22.02%选择了"运动"，9.49%选择了"旅游"，17.37%选择了"做家务，看孩子"，2.22%选择了"其他"（主要是"回老家看望父母""加班""养花散步""玩游戏""偶尔逛街""休息"等）。

2.2　访谈调查情况汇总

座谈围绕着"当前广大干部职工最关心、盼望的问题""制约单位发展的最主要问题"和"在当前形势下，影响个人发展的因素"3个方面问题展开。

当前干部职工最关心的问题主要包括：一是事业单位改革对A单位发展的影响；二

是国家科技体制改革特别是科研项目管理模式改革以及地调局项目管理体制改革对 A 单位的影响；三是事业单位分类改革对个人收入和期望的影响；四是工作节奏快而紧张，职工普遍处在亚健康状态下，如何调整工作与生活节奏、缓解心理压力，让职工在轻松愉悦的环境中工作和生活。

制约 A 单位发展的最主要问题首先是人才问题。实现建设一流地调局、一流地调中心的战略目标，核心问题是要有一流的人才队伍，目前单位人才断层已经显现，加大青年人才的培养力度，尽快实现新老交替，使他们能够担当重任，成为学术业务的带头人，是当前和今后一段时期重要任务。其次，成果评价体系和激励机制应进一步完善，以充分调动职工积极性，凝心聚力，创造高质量地调科研成果。

在当前形势下影响个人发展的因素（目前主要集中在青年人身上）：一是希望有一个施展自我的平台，得到提升的机会；二是希望能及早参与项目组织实施的全过程，更快成长；三是应创造条件使实验测试人员与项目组紧密结合，提供高质量的测试结果，为地调科研做好支撑；四是年轻人生活压力大。

2.3 职工在"四态"方面需求的理论分析

亚伯拉罕·哈洛德·马斯洛是美国著名的哲学家、社会心理学家、人格理论家、比较心理学家，人本主义心理学的主要创始人，1943 年他在《人类激励理论》论文中提出了著名的"需要层次理论"，他认为人拥有 5 个层次的需要：生理的需要、安全的需要、社交或情感的需要、尊重的需要和自我实现的需要。生理的需要是最基本的需要，如衣、食、住、行等。安全的需要是保护自己免受身体和情感伤害的需要。社交的需要包括友谊、爱情、归属及接纳方面的需要。尊重的需要分为内部尊重和外部尊重。自我实现的需要包括成长与发展、发挥自身潜能、实现理想的需要。在这 5 个层次的需要中，马斯洛把生理需要、安全需要称为人的基本的低层次的需要，而把社交需要、尊重需要和自我实现需要称为较高级的需要。每当一种需要满足之后，另一种需要便会取而代之。

人的需要具有多样性、层次性、潜在性和可变性。A 单位职工的需要包括多个层次，既包括生活方面的需要，如提高薪酬待遇，解决家庭负担，解决后顾之忧等，也包括高层次的个人成长与发展需要，如希望获得学习培训机会和适合自身的发展平台，以实现个人素质的提升。目前，职工普遍对生活状态是满意的，生理需要基本上可以得到满足，因此，职工会更多地关注更高层次的需要，例如社交和情感的需要，尊重的需要和自我实现的需要。通过调查问卷和访谈调查方法，了解到职工需要更多的内部和外部的交流，需要领导对自身工作的认可，需要获得培训或实践的机会，等等，以此来增强对所从事工作岗位的认同感，提升个人能力，实现个人价值的最大化。

马斯洛认为，高层次的需要是从内部使人得到满足，而低层次的需要主要是从外部使人得到满足。人的行为受到人的需要欲望的影响和驱动，但只有尚未满足的需要才能够影响人的行为。对于职工目前的较高层次的需要，单位应通过完善相关管理制度、加强人才队伍建设、促进内部交流沟通、关心职工生活和情感需求，为职工高层次的需要从心理上获得满足创造条件，进一步激发职工的工作积极性，从而满足个人自我实现的需要。

维克托·弗鲁姆在 20 世纪 60 年代提出了期望理论。期望理论认为，只有当人们预期到某一行为能够带来既定的成果，并且它对个人具有吸引力时，人们才会采取特定的行动，以达到组织的目标。根据期望理论的研究，员工对待工作的态度依赖于对3种关系的判断，主要包括：一是努力－绩效的关系，即个人感觉到通过努力而达到个人绩效的可能性；二是绩效－奖赏的关系，即个人相信达到一定工作绩效后可以获得所希望奖赏的可能性程度；三是奖赏一个人目标的关系，即如果工作完成，组织奖励满足个人目标或需要的程度和对于个人的重要性程度。

通过问卷调查和访谈调查发现，A单位职工认为影响工作积极性的主要因素是激励机制不健全，反映出职工对完善绩效管理的迫切需要。职工更期待针对不同工作岗位建立不同的绩效考评标准，通过努力工作能够获得与之相匹配的个人绩效，实现相对公平，以此来提高工作的积极性和主动性。

3 职工"四态"存在问题的现实原因分析

结合地质工作实际，对A单位职工"四态"调查问卷和座谈会反映出来的问题进行综合分析，对问题成因归纳为如下方面：

1）职工对事业单位分类改革的相关政策认识理解不够，思想上产生一些担忧心理，担心事业单位改革后会对个人收入有影响；对科研项目管理模式改革担心的是科技人员如何获得科研项目，科研项目的减少影响科研人员的积极性及收入待遇。

2）由于历史原因，导致单位人才队伍出现断层，尤其在当前更加凸显，单位目前35岁及以下人员有146人，占职工总数的54.7%，36~50岁的人员有36人，占职工总数的13.5%，51岁以上的有85人，占职工总数的31.8%。加大青年人才的培养力度，为其创造条件、搭建平台，使年轻人尽快担当重任，成为专业领域的领军人才、学科带头人，满足地质调查、科技创新的需求迫在眉睫。

3）影响积极性的因素之一是A单位绩效分配机制有待完善。个别职工对目前A单位实施的绩效管理办法有不同意见，认为对不同类型部门、不同岗位职工考核评价还不够细化。目前在年轻职工的绩效分配上存在"大锅饭"现象，形成"干多干少一个样"，不能切实有效地调动职工的积极性，需要建立更加科学合理有效的评价标准和分配机制。

4）影响积极性的因素之二是A单位目前成果评价体系及激励机制还没有真正建起来。一方面要鼓励专业技术人员出成果，发表有影响力的论文，提高地调局、大区地调中心的影响力，提高专家的知名度。另一方面，对发表的论文、取得的成果没有建立切实可行的评价标准，给予奖励，对科技人员创新能力和积极性发挥有影响。

5）随着人事制度改革的推进，岗位聘任已进入常态化。目前岗位聘任、职称评定及岗位遴选的评价体系不能全面客观地反映不同类型业务部门人员情况，从事实验测试室人员与从事地调项目、科研项目的人员相比不仅参与地调科研项目少，发表论文数量也更少，在职称评定及岗位遴选方面以统一标准进行评定不占优势，在一定程度上影响了从事实验测试职工特别是青年职工的工作积极性。

6）职工身心亚健康状态趋于年轻化。随着工作任务量加大、工作强度提高，加之生活质量和水平的提升，职工的身心健康问题日益突出，而且趋于年轻化，缺乏体育锻炼，身体素质下降，心理调节能力减弱，亚健康状态明显。

4　对策建议

4.1　加强职工队伍的思想政治建设，做好宣传引导

坚持用科学理论武装职工。以党的十八大、十八届三中、四中全会精神、习近平总书记的重要讲话为指引，开展形式多样的形势任务、政策的宣传教育，统一思想，凝聚力量，坚定对中国特色社会主义的道路自信、理论自信和制度自信。

加大对事业单位改革政策的宣传力度。引导干部职工正确认识改革，支持改革，摆正心态，增强大局意识、责任意识、奉献意识和担当精神，正确认识单位发展与个人发展之间的关系，正确处理集体利益与个人利益的关系，以高度负责的精神和积极乐观的心态投身地质调查工作中。

4.2　加强人才队伍建设，加快学术业务带头人培养，实现人才队伍新老交替

4.2.1　在实践中锻炼人才，促其成长

人才是干出来的，人才成长需要知识学习储备、业务技能培训，更重要的是在实践中的锻炼。要根据人才成长规律及差异性，结合各自优势特点，确定不同类型人才的培养方向，将不同人才放到适合其自身发展的不同岗位上进行培养锻炼，为其提供成长平台和发展空间，使年轻的技术骨干快速成长，承担起重任。要以地调和科研项目为依托，让年轻技术骨干承担项目负责人、子项目负责人、项目组长，使他们在承担重大项目的过程中迅速增强实战能力、综合能力和组织能力，尽快成为地学领域的学科带头人和领军人才。

4.2.2　为年轻人创造更多学习机会，拓宽知识面

一是继续深造，攻读在职硕士、博士学位；二是参加专业培训及国际学术技术交流；三是参加党校学习锻炼等，通过思想业务的全面学习培训，进一步提高人才队伍思想政治素质和专业技术素质；四是充分发挥以老带新的传帮带作用，使中心传统专业优势及学科专业技术得到巩固和传承。通过这些措施，促进青年人快速成长，使他们担当起重任，实现人才队伍新老交替，队伍建设稳步推进。

4.3　进一步完善绩效分配机制，使绩效分配更趋科学化

完善绩效考核体系，针对不同类型部门和不同工作岗位的差异建立不同考核量化标准，在分配机制上充分体现多劳多得，体现效率与公平，避免"大锅饭"的情况，特别是对于从事具体工作的年轻职工，要通过科学合理的分配机制，达到调动工作积极性的目的。

4.4　推进成果评价体系建设，建立有效的激励机制

要从完善成果奖励考核、人才选拔和岗位聘用等一系列制度和管理办法入手，以解决能源、资源、环境、灾害和重大地球科学问题，满足国家重大需求为导向，以成果转化、应用服务为标准，不再单纯或主要以评奖和发表论文情况作为评价成果和人才的标准。

逐步完善地调、科研激励机制，对优秀成果进行奖励，促进中心整体科技创新能力的

提升，为出一流成果和人才提供制度保障。

4.5 进一步加强党建、思想政治工作和文化建设，营造轻松愉悦氛围

4.5.1 用建设一流地调局、一流地调中心目标凝聚职工

要紧紧围绕这一目标任务深入开展党的思想理论宣传教育，形势任务教育，社会主义核心价值观教育，进一步坚定职工的理想信念，增强责任意识和服务意识，弘扬爱岗敬业、吃苦耐劳、艰苦奋斗、甘于奉献的精神，树立求真务实的作风，秉持严谨科学的工作态度，认真履行地调局赋予的职责。通过开展政治理论、专业技术、岗位技能学习培训，全面提升职工综合素质，为高质量完成各项任务，建设一流队伍，出一流地质调查成果奠定坚实基础。

4.5.2 开展专题教育活动，增强党组织的凝聚力、战斗力

通过开展创先争优、党性教育等专题活动，充分发挥党支部凝聚党员、服务职工的战斗堡垒作用，坚持思想工作与解决实际问题相结合，及时了解掌握党员、职工所思所想，增强思想政治工作的针对性和实效性。

4.5.3 开展单位文化建设，不断优化内部环境，营造积极向上的良好氛围

在引导职工高质量完成承担的地质调查任务的同时，必须高度关注职工的身心状态和亚健康问题，探索缓解压力、释放压力的有效途径，营造人文关怀的良好氛围。通过开展形式多样的文娱体育活动，举办健康讲座，普及健康知识，加强职工心理疏导，大力宣传和倡导良好健康生活方式，为职工锻炼身体、愉悦身心、释放压力提供平台，营造和谐轻松的工作环境，积聚正能量，增强队伍的凝聚力和向心力，让想干事、会干事、干成事的职工在融洽的氛围和宽松的环境中施展才干，发挥作用。

参 考 文 献

刘烨 . 2005. 马斯洛的智慧 ［M］. 北京：中国电影出版社

陈传明 . 周小虎 . 2007. 管理学原理 ［M］. 北京：机械工业出版社

关于推进"三严三实"专题教育的思考

何 宗 家

（中国地质科学院水文地质环境地质研究所　石家庄　050061）

2014 年 3 月，习总书记在参加全国"两会"安徽代表团审议时首次提出，"各级领导干部都要树立和发扬好的作风，既严以修身、严以用权、严以律己，又谋事要实、创业要实、做人要实。"之后，习总书记多次在不同场合强调"三严三实"，在全党、全社会引起高度共鸣，形成了广泛共识。"三严三实"专题教育是党中央在全面深化改革开局之年、加强作风建设取得阶段性成效的关键时期，向全党发出的全面从严治党、持续推进作风建设的动员令。"三严三实"虽只有短短 24 个字，却内涵丰富、精辟深刻，是我们修身律己、做人做事的警世箴言。

当前，国土资源系统正在掀起学习"三严三实"教育活动热潮，贯彻落实好中央、部党组、局党组、院党委要求，结合地质科研事业单位实际，笔者体会，党员干部落实习总书记"三严三实"的要求，关键要把握 6 点。

1　做事先做人，要努力做德才兼备的好干部

严以修身，就是要加强党性修养，坚定理想信念，提升道德境界，追求高尚情操，自觉远离低级趣味，自觉抵制歪风邪气。

古人讲，修身齐家治国平天下，修身就摆在第一位。习总书记多次强调，做人做事第一位的是崇德修身。一个宗旨意识不强的干部，一个修养不够的干部，也不可能真正为党员群众做好服务。作为党员干部，修身正己最主要的就是强化党的意识，牢记自己的第一身份是党的干部，根本宗旨是全心全意为人民服务。要坚定中国特色社会主义道路，理解坚持中国共产党的领导对于保持中华民族伟大复兴道路不被国内外一些敌对势力中断的重要意义，了解近年来由于一些党员干部不良作风和腐败，我们党即将落入"塔西佗陷阱"危险局面，即当执政党和政府部门失去公信力时，无论说真话还是假话，做好事还是坏事，都会被认为是说假话、做坏事。因此，党员干部就要有强烈的忧患意识、兴党意识、责任意识、执政意识，牢记习总书记强调的心中有党，心中有民，心中有责，心中有戒。要多想想入党为了什么，当干部要做些什么，退休后留下什么。革命战争年代，我们的党为什么能战胜强大的敌人？关键一条就是党员领导干部吃苦在前、冲锋在前，与战士同甘共苦，将不畏死、兵不惜命。今天，作为和平时期党员干部，面临中华民族伟大复兴的大好历史机遇，都应牢记党组织的培养之恩，不断修炼人格，增强人格魄力，维护党的良好形象，为"中国梦"的实现做出自己的积极贡献。

严以修身，本质是严以修心。修心的最高境界，就是孙中山讲的天下为公，就是毛主席讲的全心全意为人民服务。做官先做人，做事先做人。中央提出要坚持德才兼备，以德为先的用人标准，强调德才兼备，重点使用，有德无才，培养使用，有才无德，限制使用，无才无德，坚持不用。因为往往一个有才无德的干部造成的损害影响要大得多。

要成为一名德才兼备的干部，就要把握三个字：学、省、修。"学"，就是要保持终生学习心态，学习政治理论，学习业务知识，努力使自己政治过硬、业务精湛。"省"，就是不断反省自己，每天睡觉前把自己的所思所想和所作所为，在脑子里过过电影，看看是否有不妥的地方。人非对贤，孰能无过。经常检视修正自己，是干部加快成长的重要法宝。所以习总书记说，要让我们党内的批评和自我批评这个法宝经常用，越用越灵。"修"，就是不断修正错误，有错就认，知错即改。毛主席说过，有错误及时改正了还是好同志，就怕有的同志知错不改，习以为常，欲盖弥彰，在错误的道路上越滑越深。一个人优秀的品德往往不是自动产生的，而需要在明辨是非的基础上、在工作实践中、在面临各种诱惑时，不断锤炼形成的。正像电影《道士下山》中所讲述的那样，若要修道，不在山上，而在山下，没有经历过拷问和磨砺的"道"，都是虚假的，脆弱的。道如此，德亦如此。

2 要正确认识人性，主动接受监督

严以用权，就是要坚持用权为民，按规则、按制度办事。

党员干部有权不能任性。习总书记反复强调，我们的权力是党和人民赋予的，是为党和人民做事的，只能用来为党分忧、为国干事、为民谋利。作为基层科研事业单位的一名干部，本身没有什么大的权力，也不是什么"官"，行政职务只是为了管理工作需要，职务来自于同志们的信任和授权，是用来为大家办事的。如果占着位置不为大家办事或办不好事，就辜负了大家的信任，大家就完全可以收回授权，干部也就没有资格继续为职工服务，应自动辞职或引咎辞职，今后这一定会成为一个发展趋势。因此，党员干部在履职时，要有如履薄冰、战战兢兢的做事心态，要对党员群众心存敬畏，主动接受群众监督。

邓小平同志指出，"领导制度、组织制度问题更带有根本性、全局性、稳定性和长期性。制度好可以使坏人无法任意横行，制度不好可以使好人无法充分做好事，甚至会走向反面"。人性是复杂的，有恶魔的一面，特别是与权力相结合，更是威力无比，因此要努力将权力关进制度的笼子里。要通过好的制度设计，培育一批具有良好道德之人，比如西方通过开征遗产税使得相当一部分富人将财富捐献出用于公益事业的做法值得我们借鉴。结合"八项规定"的新要求，重点修订加强项目和资金监管方面制度，不断提高制度科学化水平，使之不能腐、不易腐、不敢腐。党员干部要坚持民主集中制，营造贯彻民主集中制的氛围，把贯彻民主集中制原则作为加强领导班子建设的关键。

信任不能代替监督原则，纪检监察部门要主动履职，进一步转职能、转方式、转作风，明确监督主责，聚焦监督主业，提高监督能力。要落实好责任传导机制，狠抓纪律建设，强化执纪问责和违纪惩处，使各项工作更加规范，保持反腐倡廉的高压态势。引导党员干部认识到"严是爱，松是害"，加大事务公开力度，把职工关注关心的事项都拿出来"晒"一下，以公开推动各项工作规范。要关口前移，做好预防，多当"婆婆嘴"，常打

"预防针"，不能等到干部出了大问题时，再去处理，这样对组织、对干部造成的影响实在太大了，成本也太高了。

3 要坚守底线，心底无私百事敢为

严以律己，就是要心存敬畏、手握戒尺，慎独慎微、勤于自省，遵守党纪国法，做到清正清廉。

严以律己就要率先垂范。我们常说，内因决定事物发展的性质和方向。党员干部能不能经受住错综复杂的考验和形形色色的诱惑，关键靠自省自律，靠节制私欲，靠个人修为，靠自我约束，始终保持对党纪国法的敬畏之心。党员干部由于身份特殊性，代表着党、代表着组织形象，在自我要求上更要严于一般党员群众。基层党员干部生活在职工群众中间，要密切联系群众，做好示范带头作用，要想让别人做，必须自己带头做，要想让别人不做，必须自己带头不做，这样才会更有人格魄力，别人才会心服口服，才会不令而从。否则，如果自身不正，说一套、做一套、台上一套、台下一套，人前一套、人后一套，如何让别人信服，如何才能用人格魄力感召带领下属前进呢？因此，虽然在当前整个社会环境、政治生态还没有完全规范到位的情况下，有些时候有的党员干部可能会做一些身不由己的事，说一些言不由衷的话，但一定要坚持做到不碰底线、不违反法纪。否则，领导干部如果自身不太干净，如何雷厉风行地推行改革发展措施呢？

严以律己就要慎独慎微。针尖大的窟窿斗大的风，小问题不注意，积少成多，打开了思想的缺口，问题就会越来越多、越来越大。要对法律、规章制度充满敬畏，自觉做到不碰"红线"，远离"高压线"。要不为名利所困，不为物欲所诱，不为人情所忧，始终做个正派人。要自重、自省、自警、自律，自觉接受方方面面的监督。既要注意工作上的小节，也要注意生活上的小节。要彻底告别"八项规定"之前可能存在的不规范做法，以全新的姿态、全新的形象做好今后的工作。"八项规定"以后，各项规定越来越清楚，过去如果存在一些打擦边球的做法，今后就再也不能干了，如果还犯，就是顶风作案、以身试法。

4 要明确目标，按计划逐步推进

谋事要实，就是要从实际出发谋划事业和工作，使点子、规划、方案，符合实际情况、符合客观规律、符合科学精神，不好高骛远，不脱离实际。实事求是是我们共产党成功领导人民进行革命、建设和改革开放的一大法宝。陈云同志曾说过，不唯上，不唯书，只唯实。工作要抓实，就要强化目标管理，遵循目标管理"SMART"原则：一是订立的目标必须是具体的（Specific），指绩效考核要切中特定的工作指标，不能笼统。二是目标必须是可以衡量的（Measurable），指绩效指标是数量化或者行为化的，验证这些绩效指标的数据或者信息是可以获得的。如果制定的目标没有办法衡量，就无法判断这个目标是否实现。三是目标必须是可以达到的（Attainable），指绩效指标在付出努力的情况下可以实现，避免设立过高或过低的目标。四是目标必须和其他目标具有相关性（Relevant），指绩效指标是实实在在的，可以证明和观察。目标的相关性是局部目标要为总体目标和战略服务的。如果实现了这个目标，但与总体目标完全不相关，或者相关度很低，那这个目标即使达到，意义也不是很大。五是目标必须具有明确的截止期限（Time - based）。没有明确的时间限定的目标、不被检查考核的目标往往落实效果会很差。因此，强化目标管理，就要扎实落实好局党组给所确定的年度重中之重工作、重点工作和主要工作，落实好月、周重点工作一张表。对于确定的目标和任务，要认真谋划具体落实方案和措施，开拓性地开展工作，真正做到谋划一件、干成一件。

5 要主动担当，珍惜干事创业平台

创业要实，就是要脚踏实地、真抓实干，敢于担当责任，勇于直面矛盾，善于解决问题，努力创造经得起实践、人民、历史检验的实绩。俗话说，苗栽不实则亡，树植不深则枯。小平同志曾说过，不干，半点马列主义都没有。习总书记反复强调，空谈误国、实干兴邦，一分部署、九分落实。干部就要带头干。领导就要领着干。定好的年度、每月重点工作就要雷厉风行地完成，不得找客观理由进行拖延。要拿出"做干部避事平生耻"的骨气，舍得付出，舍得吃苦，舍得自我牺牲，主动担当，勇于创新，善作善成，在实干中破解难题，在实干中抢抓机遇，在实干中形成优势学科集群、打造拳头尖兵战队。

创业要实，集中体现在奋发有为、勇于担当。干部可以有这缺点、那缺点，但不干事是最大的缺点、最不能容忍的缺点。广大职工痛恨贪污腐败，同样痛恨尸位素餐，在其位不谋其政。创业实不实，关键是拿事实说话，金杯银杯不如干部群众的口碑。党员干部在其位就要谋其政，努力干出一番政绩。当前，局院所都面临着一个个难得的发展机遇，特别需要实干。2014 年下半年以来，新一届局党组着力推进地质调查改革发展，"三步曲"描绘了局美好发展蓝图。第一步是 2014 年 9 月研究地质调查规划部署，聚焦国家 5 项重大需求，组织实施"九大计划"，成为各单位和全体干部职工干事创业、发挥用武之地的平台。第二步是 2015 年 1 月钟局长在全国地质调查工作会议上的讲话和 2 月在美国华盛顿与美国地调局长的对话，形成了我局的定位、目标、战略和措施。第三步是 2015 年 4 月，局党组与各单位集中研究本年度的"两重一主"工作，实行目标责任制。这三步曲勾画了局党组的重大决策和主要意图。对局党组做出的各项安排部署，我们各级党员干部要及时跟进，各尽其能、各负其责，抓好业务、带强队伍，切实将智慧和力量凝聚到局党组要求上来，使局党组的重大决策得到实现。

6 要与人为善，做老实人

做人要实，就是要对党、对组织、对人民、对同志忠诚老实，做老实人、说老实话、干老实事，襟怀坦白，公道正派。古人讲仁、义、礼、智、信，将诚信、信义、礼仪、仁爱看得比生命还重要，为了信、为了义，可以舍生取义。现代社会，随着国家征信体系健全完善，办事不实、不讲诚信的人，将被列入黑名单，寸步难行。古人讲，以诚感人者，人亦以诚应；以诈御人者，人亦以诈应。这就像作用力与反作用力一样，你怎么对别人，别人也怎么对你。要坚持吃亏是福，一个单位，大家天天相处，谁也不是傻子。你对别人好，别人是能感受到的，多与人方便，别人也会给你方便。这就像吸引力法则一样，你想成为什么样的人，身边就会聚焦什么样的人，最终你也就容易成为你想成为的人。党员干部为人处世应当诚实守信，坦坦荡荡，处事公允，思想上与党和组织同心，行动上与党和组织同步，对同志真心实意，言行一致、表里如一，不拉帮结派，不搞团团伙伙。

做人要实，就是任何时候不做亏心事，对组织、对同志都问心无愧。无论是当干部，还是为人，最可贵的是忠诚、善良、公道、阳光。忠诚，就是对组织要忠诚，不讲谎话，对同志要忠诚，不讲假话，对群众要忠诚，不讲空话。善良，就是心存善念，关心他人，善待他人。与人为善必自善，与人为恶必自恶。公道，就是客观公正地对待人和事，不能站在个人利益立场上评价领导、评价同事、评价下级，不能处处抬高自己、贬低别人，以为自己最能干，别人都不行。阳光，就是光明磊落，坦坦荡荡，堂堂正正。在一个团队里，一起共事同志的经历、经验、知识、见识、兴趣等不尽相同，难免有不同意见。这就需要我们有大度的胸怀，包容、欣赏、尊重别人，牢记吃亏是福理念，多主动为别人服务，积极支持别人的工作，才能赢得对方的好感，别人也才愿意支持你的工作，我们人生之路才会越走越宽。

浅谈践行"三严三实"的
思想自觉和行动自觉

陈 杰

（中国地质调查局地学文献中心 北京 100083）

摘 要 习近平同志就加强作风建设提出"严以修身、严以用权、严以律己，谋事要实、创业要实、做人要实"的要求，在广大党员干部中引起强烈反响。把深入贯彻落实"三严三实"要求作为当前和今后一个时期的重要政治任务，从"严"上要求，向"实"处着力。首先要正确理解"三严三实"要求的现实意义，就中国地质图书馆而言，"三严三实"是新时期加强作风建设的行动指南，"三严三实"是打造高素质干部队伍的内在要求，"三严三实"是推进改革发展稳定的重要保障。关键在提高践行"三严三实"的思想自觉和行动自觉，要坚持把"三严三实"作为立志修身之本，坚持把"三严三实"作为干事创业、为官从政之道，坚持把"三严三实"作为谋事创业之要，坚持把"三严三实"作为做人正己之基。

关键词 践行 三严三实 思想自觉 行动自觉

习近平同志在参加十二届全国人大二次会议安徽代表团审议时发表重要讲话，就加强作风建设提出"严以修身、严以用权、严以律己，谋事要实、创业要实、做人要实"的要求，在广大党员干部中引起强烈反响。把深入贯彻落实"三严三实"要求作为中国地质图书馆当前和今后一个时期的重要政治任务，从"严"上要求，向"实"处着力，努力推进作风建设常态化、长效化，确保"三严三实"落到实处。

1 "三严三实"要求的现实意义

习近平同志提出的"三严三实"要求，简洁凝练、内涵丰富、指向明确，既继承了我国优秀传统文化，又赋予其新的时代内涵；既坚持了党的优良传统，又提出了新的更高要求，是对党的建设理论的丰富和发展，体现了新一届中央领导集体从严从实的鲜明执政风格，是党员干部的修身之本、为政之道、成事之要、做人之基。贯彻落实好"三严三实"要求，对于进一步巩固党的执政基础和执政地位，实现"两个一百年"奋斗目标和中华民族伟大复兴的中国梦，具有重大而深远的意义。对于进一步推进中国地质图书馆事业发展改革，促进地学文献资源服务保障事业跨越式发展具有重要现实意义。

"三严三实"是新时期加强作风建设的行动指南。"三严三实"从锤炼党性、用权为民、为政清廉、求真务实、敢于担当、公道正派等方面，深刻阐明了作风建设的新要求，体现了内在自觉与外在约束的辩证统一，为深入推进作风建设树立了新的标杆，是全党加强作风建设的再整装、再启程。党的十八大以来，中国地质图书馆党风作风进一步好转，但与中央要求、国土资源部和中国地质调查局标准及职工群众期盼相比，作风建设的成效只是初步的，标准一高，问题立现。必须牢牢把握"三严三实"要求，拧紧螺丝、上紧发条，保持力度、保持韧劲，以"三严三实"祛除歪风邪气，树立清风正气。

"三严三实"是打造高素质干部队伍的内在要求。"三严三实"从精神支柱、价值追求、行为规范等方面，全面阐述了新时期优秀党员干部的精神特质，既是正心修身的思想守则，也是干事创业的行动准则，为加强干部队伍建设提供了"导航仪"和"标尺"。近年来，中国地质图书馆牢固树立正确的用人导向，切实抓好选人用人工作，为推进兴馆强馆选拔培养了一大批中坚骨干。面对改革发展的新形势和新考验，必须对照"三严三实"要求，进一步落实好干部标准，提高选人用人公信度，着力加强党员干部队伍建设，为建设和谐幸福美好地质图书馆提供坚强组织保证。

"三严三实"是推进改革发展稳定的重要保障。"三严三实"从思想层面和实践层面对党员干部的精神状态、谋事理念、工作方法等作了系统精辟的概括，既提振了攻坚克难的精气神，又指明了干事创业的方法论，为我们抢抓机遇、破解难题提供了强大思想武器。当前，中国地质图书馆事业改革发展的任务艰巨繁重，必须把"三严三实"贯彻到工作中、体现在行动上，以优良作风提振精神状态，抓紧每一天、干好每件事，抢抓新机遇、谋求新发展，不断把地学文献资源保障与服务建设推向前进。

2 提高践行"三严三实"的思想自觉和行动自觉

习近平同志提出的"三严三实"要求，抓住了做人从政的根本，切中了干事创业的要害，划定了为官律己的红线，是对党员干部行为的新规范。作为党员干部要时刻铭记、积极践行，使"三严三实"成为自觉遵循的价值追求和行为规范，真正以"严"和"实"的过硬作风树形象、聚民心、促发展。

2.1 把"三严三实"作为立志修身之本

"三严三实"紧扣时代脉搏，为党员干部坚定理想信念、加强党性修养、提升道德境界开出了"醒脑良方"，是党员干部立志修身的新航标。

以坚定理想信念为根本。习近平同志反复强调，理想信念是共产党人精神之"钙"。近年来，中国地质图书馆坚持用党的创新理论武装头脑，深入开展党的十八大、十八届三中、四中、五中全会和习近平同志系列讲话精神学习教育，切实提高党员干部的思想理论水平。当前，面对多元思想相互激荡、物质诱惑席卷而来的严峻考验，要把坚定理想信念作为终生必修课，引导党员干部以"三严三实"为标尺，在"吾日三省吾身"中提高自己、改进自己，始终做中国特色社会主义共同理想的坚定信仰者。

以加强党性修养为核心。讲党性是党员干部立身、立业、立言、立德的基石。李向等地调系统先锋模范能够为党和人民的事业鞠躬尽瘁，就是因为他们对党无限忠诚，心有党性支撑。要大力弘扬李向精神，见贤思齐，自觉把党性修养正一正，把党员义务理一理，在党爱党、在党言党、在党为党、在党忧党，始终与党同心同德、为党不懈奋斗。

以提升道德境界为基础。习近平同志鲜明指出，一个民族、一个人能不能把握自己，很大程度上取决于道德价值。要深入学习道德模范的崇高精神，带头践行社会主义核心价值观，自觉培养高尚情操，形成健康的工作和生活方式，争当社会主义道德风尚的引领者。

2.2 把"三严三实"作为干事创业、为官从政之道

为官从政，既体现了党和人民的信任，更是沉甸甸的责任。"三严三实"深刻揭示了为官从政的内在规律，是履职用权的行动指南。

恪守党的宗旨。地质图书馆党员干部是职工群众的勤务员，要始终做到心中装着全体职工群众，在群众最困难的时候出现在群众面前，在群众最需要帮助的时候去关心群众、帮助群众。

坚持廉洁奉公。习近平同志强调，对一切腐蚀诱惑保持高度警惕，慎独、慎初、慎微，防微杜渐。要牢记总书记的告诫，摆正公私关系，严格执行廉洁自律各项规定，任何时候都不搞特殊化，永葆共产党人的清廉本色，从源头上解决以权谋私等问题。

强化法治思维。习近平同志强调，领导干部要提高运用法治思维和法治方式深化改革、推动发展、化解矛盾、维护稳定的能力。为此，党员干部要秉持职权法定原则，带头依法办事，不碰法律红线，不越法律底线，做依法行事的坚定践行者。尤其是在全面推进地学文献资源事业发展改革的过程中，更要注重发挥法治的引领和推动作用，凡属重大改革都要于法有据，确保在法治轨道上推进各项改革。

2.3 把"三严三实"作为谋事创业之要

"三严三实"对党员干部谋事创业提出了具体要求，指明了努力方向。

在求真务实上下功夫。这些年，地质图书馆办成了一些大事要事，靠的就是求真务实、真抓实干。今后要实现更大发展，必须坚持一切从实际出发，吃透中央精神，按照国土资源部和中国地质调查局的要求，把握实际情况，做好结合文章，使各项决策更好地体现中央要求、更好地反映国土资源部和中国地质调查局发展的阶段性特征。要始终秉持"落实、落实、再落实"的理念，大力发扬"钉钉子"的精神，一任接着一任干，一张蓝图绘到底，坚持不懈，久久为功。

在敢于担当上下功夫。习近平同志指出，坚持原则、敢于担当是党的干部必须具备的基本素质。当前，地质图书馆正处于大有可为的黄金发展期，能不能抓住机遇、实现稳中求进，关键要看广大党员干部是否敢于担当。就要发扬"敢教日月换新天"的奋斗精神，敢于直面改革发展难题，善于应对复杂严峻局面，勇于承担急难险重任务。强化责任意识，看准了的事情、定下来的工作，就咬定青山不放松，坚定不移向前推。

在改革创新上下功夫。地质图书馆有百年的光荣传统，在全面深化改革的背景下，要认真贯彻党的十八届三中、四中、五中全会精神，从实际出发，找准突破口，全面推进文献资源保障与服务体系建设，构建发展新体制，增创发展新优势。

2.4 把"三严三实"作为做人正己之基

做官一阵子，做人一辈子，做官先做人。"三严三实"鲜明提出了党员干部做人处事的底线和原则，是我们必须坚守的人生信条。

培养浩然正气，争当公道正派的表率。近年来，地质图书馆高度重视党风廉政建设，

在广大党员干部中大力倡导崇尚廉洁的良好风尚，取得了积极成效。但一些党员干部身上还存在这样那样的问题。因此，必须把善养浩然正气作为重要课题，教育引导广大党员干部坚持党的事业第一、群众利益第一，凡事出以公心、主持公道；坚持正气正派，做老实人不当"老好人"，面对不正之风敢于亮剑、敢于斗争，不搞"关系学"那一套。

保持言行一致，争当诚实守信的表率。"崇尚信义、诚信服人"，要挖掘中华优秀传统文化资源，积极开展诚信教育，教育引导广大党员干部做老实人、说老实话、干老实事，做到台上台下一个样、人前人后一个样，以行动验证表态、用实践兑现承诺。

贯彻"三严三实" 促进图书馆发展

王久兰 陈国平 宋 虎

（中国地质调查局地学文献中心 北京 100083）

摘 要 习近平总书记在参加十二届全国人大二次会议安徽代表团审议时，提出了"既严以修身、严以用权、严以律己，又谋事要实、创业要实、做人要实"的重要论述，这是加强党风政风作风建设的重要指引，是新形势下加强党员干部作风建设、能力建设的根本要求，对加强图书馆建设与发展也有极为重要的指导意义。

关键词 三严三实 图书馆 发展

习近平总书记关于"三严三实"的精辟论述和要求，体现了共产党人的价值追求和政治品格，指明了新时期各级干部的修身之本、为政之道、成事之要，也为新形式下做好图书馆工作提供了重要遵循。作为党员领导干部，要深刻理解"三严三实"的内涵，将严以修身摆在重要位置，自觉践行"三严三实"，才能永保党的优良作风，更好履职尽责，更好地履行为读才服务的神圣使命，更好维护社会稳定和长治久安。

习主席提出"三严三实"，严以修身、严以用权、严以律己，谋事要实、创业要实、做人要实，讲的很实际，很受鼓舞，"三严三实"是教戒我们每一个人不管是在工作和生活中心心念念所要把握的标准和行为原则，只有这样才能创造一个和谐的社会。

1 贯彻三严三实，加强图书馆队伍建设

图书馆应积极推进人才工作体制机制创新，做到谋划人才工作实，出台人才政策实，服务人才措施实。在各类人才队伍中广泛开展"三严三实"思想教育，教育引导各类人才坚定理想信念，严以律己、潜心钻研、扎实创业。把"三严三实"要求落实到人才管理中，不断改进完善人才培养、评价、使用机制，大力培养、引进本地本单位急用紧缺人才，真正使学术道德好、业务水平高的优秀人才出得来、用得好、留得住。

团结是增强图书馆队伍发展的根本，团结出凝聚力，团结出战斗力。图书馆要着力营造团结和谐、密切协作的浓厚氛围，着力解决人浮于事、推诿扯皮的不良现象，教育和引导全体馆员自觉增强团结意识和大局观念，协调和调动各方面的智慧和力量，建立各项工作通报制度，尽力创造既能协调统一又能心情舒畅的工作环境。坚决克服片面看人和事现象，坚决消除不作为、乱作为的行为。

2 贯彻"三严三实"，提升图书馆服务水平

"三严三实""既严以修身、严以用权、严以律己，又谋事要实、创业要实、做人要

实"。作为一个图书馆人，应该在实际工作中践行这种精神，把每一个微小工作落到实处，把服务意识贯彻到每个工作的细节。

读者服务，是图书馆工作的重中之重，作为图书馆人，如果没有良好的服务意识，离开服务谈工作的只能是一种空谈。有关分析结果显示：图书馆建筑占5%，信息资料占20%，图书馆员占75%。由此可见，人是最重要的因素。近年来，随着社会文明和信息化、网络化程度的提高，服务危机极大地影响着学校图书馆的形象和学校教育事业发展。针对这种不尽如人意的现状，图书管理员要强化自己的敬业精神，提高自身的修养，重塑图书馆员职业道德。

在工作中学会宽容。随着知识经济的到来，"以人为本"理论的深入，人员已成为一种资源。图书管理员处在图书馆工作的第一线，自己一定要有一颗宽容的心。每天接触不同的读者，难免会碰到一些有怪癖的读者，适当的沟通和宽容是解决问题的有效方法，善待别人也是善待自己。

3　贯彻三严三实，提高图书馆服务质量

服务质量是衡量图书馆建设水平的重要指标，同时也是促进图书馆服务水平和质量提高的手段。按照"三严三实"的内在要求。进一步深化整改落实，提高标准、强化执行。要求图书馆员严格遵守图书馆各项规章制度，加强读者服务意识，多与读者沟通，了解读者需求，真正地为读者解决难题。要牢固树立全心全意为读者服务的宗旨，为读者提供优质、快捷、高效服务。努力创造高效服务环境，努力提高读者满意度，进一步增强服务意识，进一步改善服务态度，进一步改进服务方式，努力当好服务者角色，提高服务质量。

总之，要认真学习体会习总书记"三严三实"的讲话精神，要努力实现"三严三实"的要求，并将践行"三严三实"贯穿于图书馆建设和发展全过程；诚实做人，认真做事，不断强化学习意识、服务意识、担当意识，多说实话、多办实事、多见实效，为广大读者营造良好的阅读环境。为推进图书馆事业改革发展做出新的更大的贡献。

参 考 文 献

http：//www.360doc.com/content/15/0526/10/4763525 _ 473309805. shtml

http：//theory. people. com. cn/n/2014/0813/c40531 - 25454838. html

http：//blog. sina. com. cn/s/blog _ 69bdc6dc0102vqna. html

http：//www. clssn. com/html1/report/12/8960 - 1. htm

永远缅怀敬爱的程裕淇伯伯

——纪念程裕淇院士诞辰 100 周年

潘云唐

（中国科学院大学　北京　100049）

摘　要　程裕淇是我国著名的地质科学大师。他曾任中国科学院学部委员（院士），地学部常委、副主任，中国地质科学院副院长、名誉院长，地质部副部长，地质矿产部总工程师，中国地质学会理事长等职。他在变质岩石学，变质地质学，前寒武纪地质学，铁矿矿床地质学领域有着辉煌的成就。在国内关于科学家生平事迹的丛书中都有他的传记篇目。在他诞辰100 周年（2012 年）前后更有他的《文选》《年谱》《纪念文集》等著作出版。还有他六七十年的日记也被整理成了 120 多万字的电子版。所有这些都为中国地质学史及地球科学文化的研究积累了珍贵的资料。

关键词　程裕淇　中国地质科学史　地球科学文化

半个多世纪以前，我在北京大学地质地理系念书时，就已听同学们传颂着地质学界一位年轻有为的大科学家程裕淇，他于 1955 年当选为中国科学院首批学部委员，时年仅 43岁，是地质学家学部委员中最年轻的。

1963 年，我从北京大学毕业后，被分配到地质部地质科学研究院西南地质科学研究所（位于四川成都，以后改称"成都地质矿产研究所"）。1965 年秋，我从野外工作基地回到成都时，听同事们说，前不久地质部地质科学研究院副院长黄汲清、程裕淇率领一批同志到成都视察工作，还到所里来过。

1978 年，我考上了改革开放时期的第一届研究生，回到了北京。当时"尊重知识，尊重人才"的气氛很浓，到处都在编辑出版各种各样的科学家传记丛书。我当时在中国科学院研究生院硕士师资班学习。北京语言学院（后为"北京语言大学"）的一批教师正在编辑一套《中国科学家辞典》，我应他们邀请，参加了他们的工作，为一些科学家（主要是以前我父亲在经济部系统的老同事、好朋友黄汲清伯伯、李春昱伯伯等）整理传记材料。以后，那一套书由山东科学技术出版社陆续出版，我也代表编委会把正式出版的《中国科学家辞典》送到黄汲清伯伯、李春昱伯伯等家中。黄伯伯家住北京西城区三里河南沙沟。黄伯伯的长子黄浩生见到该书中也有"程裕淇"的条目，就告诉我，程裕淇是黄伯伯四十多年的老同事，1938 年黄伯伯任经济部地质调查所所长时，程伯伯刚从英国留学回来，到重庆北碚经济部地质调查所，以后他们就一直在一起。程伯伯很年轻有为，才 30 多岁就是地质调查所矿物岩石研究室主任，以后又是经济地质研究室主任。他还说，程伯伯就住在离他们家不远的月坛北街。

我不久后再去黄伯伯家中时，又带去了一套《中国科学家辞典》，并请浩生弟陪我一起去到程裕淇伯伯家中，把那套书送给了他。我们谈起翁文灏，程伯伯说："我在清华大学地学系念书时，他是我们的系主任，又当过理学院院长、教务长，还代理过校长。我在经济部地质调查所工作，他是部长，一直是我的老师、老上级"。我们又谈起经济部政务次长秦汾。程伯伯说："我在清华念书时，他是北京大学数学系主任，是著名科学家，他和翁都是学者从政"。最后谈到经济部常务次长潘宜之时，他说："我也很熟悉，不过，他跟翁、秦不同，他属于军政界人士。"我说："他正是我家先君啊。"程伯伯说："那你还出自将相门第、世家望族啰！"我说："云唐不才，是先君宜之先生的不肖子"。程伯伯说："你还真谦虚，真客气啊！"我说："程伯伯和黄伯伯、李伯伯他们一样，都是先君前经济部系统的同僚挚友。云唐曾为黄伯伯、李伯伯他们整理过传记材料，编过著作目录等。今后，在这些方面，也同样可以为程伯伯多多效劳嘛！"程伯伯说："以后再约时间吧！"我和程伯伯"识荆"就一见如故，使我感到万分欣慰。

后来，程伯伯家迁往木樨地 23 号楼，我应他之约，去为他整理较详细的传记。经过多次对他进行访谈，他很多生动的故事，很多"闪光点"，使我受到深刻的教育。例如，他出身书香门第，他父亲是前清秀才、私塾教师，他在这种家风熏陶下刻苦努力，成绩超过了比他大五岁而与他同班的姐姐，在全班同学中名列前茅。他刚上中学时，与家人出外远游，到省会杭州，成为著名的历史事件——"雷峰塔倒掉"的目击者。1933 年他毕业于清华大学地学系，年仅 21 岁，是全班 6 人中最小的，成绩却十分优异。"严师出高徒"，他一直受到名师的教诲，他在清华大学的老师翁文灏、谢家荣、冯景兰，他出国留学的导师丁文江、李四光等都是中国著名地质学家。他留学英国利物浦大学时的博士导师是后来担任过第 18 届国际地科联主席的里德教授。他后来的科学游历与考察进修中，结识的也都是世界一流的地质科学各领域的大师，如芬兰的爱斯科拉、挪威的哥尔德施米特、美国的鲍温等，加上他自己不懈的艰苦努力，因而铸就了辉煌的学术硕果，成为我国地质科学界顶尖级的一代宗师。这绝不是偶然的。他一生获得了很多荣誉奖项，从 1946 年的"纪念赵亚曾先生研究补助金"开始，到 20 世纪 80 年代的多个国家级奖项，直至逝世前不久的"何梁何利基金科技进步奖"。世界上成立最早的地质科学学术团体——伦敦地质学会（已有 200 多年历史）颁发了给外国学者的"荣誉会员证书"，中国地质学家享此殊荣者共有两人：一位是新中国成立前的翁文灏，一位是新中国成立后的程裕淇。

为程伯伯整理传记的过程，就是我学习和深深感动以及受到鼓舞的过程。我整理完后，经程伯伯多次反复审阅修订，我再加工润饰，终于完成了 1 万多字的传稿——"地质科学家程裕淇"，发表在《中国科技史料》1986 年第 7 卷第 4 期上。现在看来，这恐怕是全面论述程伯伯生平业绩的最早的长篇传记。

以后我又应其他单位和友人的要求，有所侧重地、按不同体例地为程伯伯撰写传记。著名科普作家、文学作家叶永烈是我在北京大学的同届同学（他是化学系的），应浙江科学技术出版社之约，主编《浙江科学精英》一书，他特邀我承担了 10 来位浙江籍地球科学家条目的撰写，其中便有"地质学家程裕淇"。该书于 1987 年出版。不久，黄汲清伯伯与何绍勋（中南工业大学教授，著名老地质学家何杰之子）共同主编《中国现代地质学家传》，也邀我撰写，该书第一卷于 1990 年由湖南科学技术出版社出版，全书共 51 个条目，我参加撰写了 7 条，有 5 条是独撰，其中便有"变质地质学家、矿床学家程裕淇

（1912—）"。此外，我还应一些报刊之约，写过一些关于科学家宣传报道的短篇文章，如"老当益壮的程裕淇"，发表在《科技日报》1991年4月28日第2版"科学家近况"栏目。

科学出版社的"《科学家传记大辞典》编辑组"（主编为卢嘉锡）1991年出版了《中国现代科学家传记·第二集》，其中"程裕淇"条目作者是中国地质学会原领导人之一——王泽九院长和中国科学院院士沈其韩先生，他们都是程伯伯的早年弟子、得意门生、得力干将。该文的"研究文献"中列出了我所写的"地质科学家程裕淇"。差不多同时，中国科学技术协会领导的大型传记丛书工程——《中国科学技术专家传略》开始启动，该丛书"理学编·地学卷"主编是刘东生院士，我是最后一名编委，在刘东生院士领导下工作。20世纪末，王泽九院长和我联名撰写的"程裕淇（1912—）"条目完成了，后来列入该卷第2册，于2001年1月由中国科学技术出版社出版。

在世纪之交的2000年，听说程伯伯患了肾癌，很为他担忧。2001年初，程伯伯经治疗出院，我还到翠微西里他家中去看望。见程伯伯精神状态很好，很为他高兴，我还说："明年是中国地质学会成立80周年，又是我们学会老领导人程伯伯90大寿，大家一定要很好地庆祝一番"。可惜不久，听说程伯伯又住进了医院。2002年1月2日晚上，接到程伯伯小儿子——学林小弟来电话，说程伯伯已于当天下午4点病逝，当天上午程伯伯的清华同班好友杨遵仪院士、变质岩岩石学同行好友董申保院士还去病房探视，而且照了相，下午程伯伯走得真是太突然了。我不禁悲从中来，也安慰学林小弟，请他们全家节哀顺变。又应学林之托，打电话转告了我的老师、前辈叶连俊院士、王鸿祯院士、吴传钧院士、田在艺院士、刘光鼎院士以及同学好友叶大年院士、许志琴院士、吴国雄院士等。1月10日上午，我去八宝山殡仪馆大礼堂向程裕淇伯伯作最后的告别。

程伯伯一生以工作为重，不分8小时内外和节假日，他还有个很好的习惯——写日记。他的亲属交出他从1935年起，直到逝世前为止六七十年间大部分完整的日记，有各种各样的日记本，很多是袖珍的，也有大本的，对他每天的工作情况都有扼要的记载，实在非常宝贵。王泽九院长委托我进行整理，我在两三年间断断续续完成了这一任务，整理成了120多万字的电子版。后来，沈其韩院士、王泽九院长又领导我们在日记的基础上，加工编撰成了《程裕淇年谱》，正式出版，为我国地质学史的研究留下了珍贵的原始材料。

今年是程裕淇伯伯诞辰100周年，大家都以十分深厚的感情来纪念他老人家。回想在程伯伯生前最后20多年与他的亲密交往，受到他崇高精神、优秀品质的熏陶和教诲，使自己终身受益。我一定继续努力，像程伯伯那样，保持一个共产党员的高风亮节，做一个永远有益于人民的人！

参 考 文 献

叶永烈.1990.浙江科学精英［M］.杭州：浙江科学技术出版社

黄汲清，何绍勋.1990.中国现代地质学家传记［M］.长沙：湖南科学技术出版社

沈其韩，王泽九，程裕淇.2013.20世纪中国知名科学家学术成就概览（地学卷）.地质学分册（一）［M］.北京：科学出版社

《程裕淇文选》编委会.2005.程裕淇文选［M］.北京：地质出版社

潘云唐.1986.地质科学家程裕淇［J］.中国科技史料，7（4）：40～46

平实而卓越的人生足迹

——简述黄劭显院士人生

黄 祖 英

（国资委冶金离退休干部局　北京　100013）

摘　要　黄劭显（1914.7.1～1989.8.10），地质学家，山东即墨县人。1934年考入北京大学地质学系，1940年毕业于西南联合大学。中国核工业总公司北京核工业地质研究院（原北京第三研究所）副所长、研究员级高级工程师。从事地质工作近50年。在中国首次发现铬铁矿，填补了中国该矿种的空白，同时为中国普查与勘探铬铁矿培养了人才。三次到贺兰山区作区域地质调查，在没有地形图的情况下，步测做了1:20万的地质图。赴祁连山区进行大范围区域地质调查，这是中国人首次深入祁连山做大范围的区域地质调查工作，并取得了多项重大成果。

1955年起主要从事铀矿地质普查勘探和科研管理工作，是我国铀矿地质事业的创建人之一，在铀矿成矿方面提出了一系列新的看法，对发展铀矿成矿理论、铀矿普查找矿和为我国第一颗原子弹爆炸作出了重要贡献。1980年当选为中国科学院学部委员（院士）。

关键词　生平　西北　铬铁矿　铀矿

1　简述

1.1　生平简介

黄劭显（1914.7～1989.8），山东即墨人。地质学家，铀矿地质学家、地质教育家。开拓中国核地质事业的主要科技领导人之一，中国铀矿地质事业创建与奠基人之一。1980年当选为中国科学院学部委员（院士），是铀矿地质领域首位院士，也是迄今为止，唯一的中国科学院铀矿地质院士。

1934年7月，考入北京大学地质学系。1940年毕业于西南联合大学地质地理气象学系，同年考入谢家荣先生领导的经济部资源委员会西南矿产测勘处，当工务员；后在云南大学矿物、岩石专业任助教。

1943年始在经济部中央地质调查所工作，任技佐；后调到该所西北分所，历任技士、技正。期间曾在兰州大学普通地质、构造地质专业兼任副教授。新中国成立之初，任西北地质局工程师，地质部621地质队工程师兼副队长。

1954年底调至北京，任地质部普委二办工程师。

1955年4月调入核工业系统，历任二机部309队副总地质师，二机部三局副总地质师兼地质处处长，二机部三所副总工程师、副所长、科技委主任、高级工程师（研究员级）；核工业第三研究所（现核工业北京地质研究院）首位研究生导师。

曾任中国核学会第一届名誉理事，中国核学会铀矿地质学会第一届理事长，北京市地质学会常务理事，中国地质学会矿床地质专业委员会常委，全国地层委员会委员，《放射性地质》总编，《地质学报》、《地质论评》、《核科学与工程》编委。

被收录于中国科学院主编的《中国科学院院士画册》、《中国科学院院士自述》，军事科学院军事百科研究部主编的《军事人物百科全书》，钱伟长、孙鸿烈主编的《20世纪中国知名科学家学术成就概览》，中国科学技术协会孙枢主编的《中国科学技术专家传略》等多部百科及词典类书籍中。

1.2 家世

即墨黄氏，家世业农，重视教育，由微而著。清同治《即墨县志》载：第五世黄正，"世业农，性仁厚，重言诺。"家境日臻殷实，加之即墨悠久的历史文化底蕴，培养出正义、宽厚、守信、重教的家风，从而使家族具备了良好的发展条件。从六世至八世，三代四进士，家族进入了第一个显赫期。第六世黄作孚（1516～1586），首举进士，任山西高平县知县，开黄氏家族仕途之先河。特为其立有进士坊。继之，第七世黄嘉善（1549～1624），官至一品，授太子太保、兵部尚书。他"历边疆二十年，入枢府两受顾命"（清同治《即墨县志》），为捍卫国家西北边陲和维护国家的安定，鞠躬尽瘁，死而后已，使黄氏家族处于第一个显赫期的巅峰。八世祖黄宗昌（1588～1646），官至监察御史。以利民为己任，抵制权宦魏忠贤及其余党，奏为"天下循良第一"。他任监察御史时，把个人生死置之度外，以弹劾奸臣为天职，史称一代名御史。第九世黄坦（1608～1689）任浙江浦江县知县，因廉政被列为名臣。

600多年来，即墨黄氏或默默耕耘，培育后代；或本分经商，利国利民；或读书成材，献身科教；或戎马一生，保家卫国。其中佼佼者成为国之栋梁，为华夏兴起作出了卓越贡献。家族形成了"为人忠厚，乐善好施；谦虚谨慎，于物能忍；孝敬老人，提携弱者；读书重教，培养子女；当官为民，造福一方；廉洁勤政，不畏权贵"的优良家族传统。这个传统历史悠久而源远流长，无不潜移默化地深深影响着子子孙孙。深厚的家族文化底蕴，造就了众多的人才，形成了山东望族。

1914年7月，即墨黄氏第十九世黄劭显出生于即墨古城内西南隅刑部街的一户书香门第（1958年后属新生村）。此街以十一世祖黄致中曾任刑部主事而命名。父亲黄象冕，字黻亭，是清末民初胶东一带的教育家，宣统庚戌（1910年）课举贡，会考分发贵州即用知县。历任思洲府主计、即墨县高等小学校长、劝学所长、胶州教育局长。母亲黄江氏（新中国成立后改名江敦化）（1878～1953），是一位相夫教子的贤者。

黄象冕生5子1女：长子黄功显，青岛特别高等专门学堂毕业；次子黄勣显；三子黄励显，山东省立矿业专门学校毕业，后考取公费留美国普度大学机械工程科学习，毕业后留美，病逝于美国；四子黄劭显；五子黄劼显，高中毕业后早逝；女儿黄淑姞，以优异成绩考入北京师范大学。

即墨黄氏不仅在朝廷为官者，清廉勤政，政绩显赫而名垂青史，有11人的政绩载入《明史》、《清史稿》，有百余人的政绩载入州府、县志，在即墨城内曾立有"黄作孚进士坊"、"黄嘉善四世坊"、"黄嘉善太保坊"、"四世一品"等黄氏牌坊9座。

即墨黄氏，自明朝中期以来，在家族文化的熏陶和感染之下历经数百年而不衰，代代有贤达者。其秉承的正是"忠厚传家，诗书继世"的家族文化。

黄劭显先生出身于山东即墨黄氏望族，自小受到"忠厚传家，诗书继世"、"书香门第，清贫人家"的良好家族传统的熏陶和影响，奠定了他日后的成功之路。

2 各时期主要经历与工作贡献

2.1 学生时代（1931年7月～1940年7月）

黄劭显先生少年时，随父母在济南生活，并在济南读完初中。1931年又随当时在北京师范大学读书的姐姐来到北平读高中。

他在学生时代就开始投身于革命事业，以"天下兴亡，匹夫有责"为座右铭。

在北平读书期间，他反对国民党腐败政府和日本侵略者，积极参加抗日救亡运动。

1932年，在北平中学读书期间，他参加了中国共产党的外围组织"反帝大同盟"。同年5月，因参加纪念"五卅运动"抗日集会游行，而被国民党政府逮捕。十余天后，由学校保释出狱。

1934年，他考入了北京大学地质学系。在此期间，他又加入了中国共产党地下党组织，担任过中共北平市委书记黄敬（俞启威）的地下交通联络员。积极参加了著名的"一二·九"运动。

1937年6月在河北省平山县地质实习期间，因"七七事变"，日寇侵占北平，抗日战争全面爆发，北大停课。后随母亲和姐姐、姐夫经山西榆次、西安去甘肃徽县，担任徽白公路公务段工务员。

在西安期间，曾与西安共产党地下组织同志接头，因该同志被杀害或已经转移，未能联系上（因是单线联系），后准备去延安。但因为在美国留学的哥哥病逝于美国，弟弟早年去世，家中只剩其一子，在母亲阻拦下，未能去延安。他在停学两年后，前往当时北京大学在昆明的西南联大复学，于1940年毕业于西南联合大学（北京大学）地质地理气象学系，与董申保先生同班。

从此，他心怀"科学救国，实业报国"的理想，投身于祖国的地质事业。

2.2 西南工作时期主要工作（1940～1944年）

西南联大毕业后，黄劭显先后任经济部资源委员会西南矿产测勘处工务员，经济部中央地质调查所西北分所技士、技正，云南大学助教，兰州大学副教授。

1940年，考入谢家荣先生领导的经济部资源委员会西南矿产测勘处，主要从事野外区域地质工作。早期的区域地质调查工作，属于中国地质史上的开创性工作，为日后新中国地质事业的蓬勃发展作出了重大贡献。在谢家荣、许杰、孟宪民、王曰伦等老一辈地质学家的关怀和教导下，使得初出茅庐的黄劭显开阔了眼界，积累了经验，获得了信心。这些都为他日后工作成就及发现铬铁矿奠定了坚实的基础。

1940年黄劭显与马祖望先生一同，到滇西工作，调查保山水银及兰坪石油。合著

《兰坪县澜沧江东岸水银矿简报》、《兰坪石油》，刊登在《资源委员会西南矿产测勘处临时报告》第5、6号上（现存于全国地质资料馆）。

1941年黄劭显同郭文魁先生等奉命调查盐津大关一带地质矿产。

与郭文魁先生合著《云南盐津大关彝良间地质矿产》，刊登于《资源委员会西南矿产测勘处临时报告》第17号（现存全国地质资料馆）。

"大关群（组）"（中国岩石地层名称）系郭文魁、黄劭显1941年命名于云南省大关县（尹赞勋先生1949年介绍）。

1941年9月~1943年7月，黄劭显在云南大学矿物、岩石专业任助教。

在云南大学任助教时，利用暑假期间，参与许杰、孟宪民先生领导的云南东川铜矿区及其外围地区的地质调查与测量工作。完成《云南东川地区1:20万地质图及地质报告》，此图在当时条件下，已是水平很高的一幅地质图，并最终正式出版。

在进行此项区测地质填图工作过程中，发现在会泽以东的矿山厂以南边缘地区、震旦系与寒武系交界处有高品位含磷矿。此发现并未写进专门报告，只在云南会泽县矿山厂及者海一带的地质矿产报告中曾提及，在前中央研究院地质研究所与云南经济委员会合作出版的《云南东川地区1:20万彩色地质图》及所附报告中也有说明。新中国成立后，在会泽地区发现储量大品位高的大磷矿，可能即系此矿床。

2.3 西北工作时期主要工作（1943~1954年）

1943年起，在重庆北碚中央地质调查所工作（技士）。同在北碚工作的还有秦馨菱、刘乃隆先生。

1944年，与刘乃隆先生一同分配到王曰伦先生领导的经济部中央地质调查所西北分所工作，任技士，技正。开始了10年的西北地质工作。

在时任所长、著名地质学家王曰伦的带领下，于野外地质调查工作中取得了多项重大成果。1943年春，著名地质学家王曰伦着手组建了经济部中央地质调查所西北分所，并任所长。在他的领导下，该所开展了对于甘肃、陕西、宁夏、青海和新疆地区的煤、石油、石膏、铁、铜、钨等资源的调查工作。他曾3次组织考察队对祁连山、白银厂、六盘山地区的矿产资源进行了全面调查，发现铁、铬、硫磺、重晶石矿，煤田和油田多处。这些工作为中华人民共和国成立后全面开展西北地质工作奠定了基础，为开发西北各省矿产资源、加速西北地区社会主义建设起了巨大作用。该所出成果，亦出人才。王曰伦及该所的青年地质学家叶连俊、宋叔和、黄劭显和陈梦熊于1980、1991年先后当选为中国科学院学部委员（院士）。

时任中央地质调查所所长李春昱在回顾该所工作成绩时曾这样评价，"刻苦奋斗，工作进行，从未稍懈。西至新疆，东逾龙山，北入蒙古族，南越祁连，测定经纬点，绘制地质图，研究其地层，勘探其矿藏。对我国西北隅土能有效正确之认识者，实我西北分所同仁之力也！……所长王曰伦君……（率其）西北分所同仁，知其白，守其黑，埋头于研究工作，迈进于建设途中，坚定意志，不为物引，立功立言，永垂不朽，是亦大足以自勉而励来者也！"

1944年冬，与杜恒俭先生等奉所命，应宁夏回族自治区建设厅之邀，对宁夏地区的地质矿产进行调查。在路经汝箕沟煤田时，对该区进行了地质观察，写出报告。在路经石炭井大磴口时，对该区进行野外地质调查后，写出报告。在路经位于贺兰山主脉西麓的小松山（东南距宁夏回族自治区约1000千米）时，发现磁铁矿。

后与杜恒俭先生合著《宁夏汝箕沟煤田地质》，发表于《经济部中央地质调查所西北分所简报》第14号；《宁夏石炭井大磴口间煤田地质》，发表于《经济部中央地质调查所西北分所简报》第13号（现存全国地质资料馆）；《宁夏小松山磁铁矿之发现》、《宁夏大磴口长石矿》，为中国地质学会第21次年会论文，文章节要刊登于《地质论评》。

根据勘探调查的结果，黄劭显向西北地质调查所（1949年后改为西北地质局）提出了要重视宁夏煤矿和向宁夏派出煤矿普查队的建议。地质调查所接受了他的建议，并于1952年派出石炭井沟煤矿勘探队，其后证明宁夏确是中国主要的产煤区之一。

1944年冬，在宁夏小松山地区，首次发现了铬铁矿。

这是中国第一次发现铬铁矿，填补了中国矿种上的一个空白。

此矿发现意义在于，在此矿发现之前，一般认为中国很少有超基性岩，更无铬铁矿的存在。因而对此种矿多不注意，也缺乏识别经验。新中国成立后，宁夏小松山铬铁矿列为全国重点勘探项目之一。1952年组成地质部621队，对原有矿区进行检查时，又发现了铜镁矿的存在。小松山遂成为综合性矿区。

在时任所长王曰伦先生的鼓励与指导下，与杜恒俭合著《宁夏小松山铬铁矿初报》，于1936年3月，登于经济部中央地质调查所西北分所简报第29号（现存全国地质资料馆，档案号2863）。后合著《宁夏小松山铬铁矿之发现》一文，发表在《地质论评》上。

文章中详细介绍了铬铁矿的发现经过．"1944年冬，作者等奉所命应宁夏回族自治区建设厅之邀，赴白土山调查菱铁矿。同年11月20日路经小松山北麓，见有深黑色结晶细致之侵入岩，采得标本一块。发现其中细小晶体，形状与物理性质颇似磁铁矿。归来遂将该标本请本所尚仰震先生化验其中含铁成分，并其中可能伴生之铬、钒、钛等矿物。后以标本寄出不便，化验需时，直至1945年11月始行化验完毕，发觉其中含Cr_2O_3达20%以上，含铁26%。因知磁铁矿中，实含有大部铬铁矿，因其与磁铁矿不易区别，致彼此相混也。就含铬成分言，虽嫌稍低，但该标本系路过时匆匆所采，颇难为准，其中可能尚有富集部分，且铬铁矿床在中国尚系首次发现，颇堪注意。在时任所长王曰伦先生鼓励与指导下，先草此文以供参考。作者等拟重往详勘以决定其经济（价值），届时再著专报贡献国人。"文章还对铬铁矿床所在"位置与交通"、"地质状况"和"矿床情况"进行了介绍，另附有"宁夏小松山铬铁矿矿区地质图"一幅。

由于这是在中国第一次发现铬铁矿，黄劭显先生于1946年到该地又重新做了许多工作。其后与杜恒俭、卢振兴先生合撰了《宁夏小松山铬铁矿及其有关火成杂岩之初步研究》，发表于《地质论评》。此文对宁夏小松山铬铁矿及其有关火成岩做了进一步较详细的论述："在整理过程中，发现铬铁矿本身为国内稀见之矿产外，即与铬矿有关之火成杂岩，亦种类繁多，分化完善，在国内亦属创见。"

1952年，组成地质部小松山铬铁矿勘探队（621队），黄劭显任工程师兼副队长。后在苏联专家具体帮助下，继续负责宁夏小松山铬铁矿勘探工作。先后写成多篇文章。1954年12月，写成《甘肃阿拉善旗小松山铬铁矿与镍铜矿勘探报告》（现存全国地质资料馆），对多年来的小松山地质勘探工作进行了全面总结。这些珍贵的地质资料对于新中国日后寻找铬铁矿有着重要的指导作用。

1945 年，在时任所长、著名地质学家王曰伦的带领下，赴祁连山区进行大范围区域地质调查，这是中国人首次深入祁连山做大范围的区域地质调查工作，于野外地质调查工作中取得了多项重大成果。

同年6月组成祁连山地质矿产调查队，王曰伦为队长，开始第一期调查工作。黄劭显奉所命参加该队，担任地质矿产调查工作。主要成员有李树勋、黄劭显、陈梦熊、刘增乾等，自西宁经门源、俄博翻越祁连山，从民乐进入河西走廊。

此次勘查路线为：①西宁至门源；②门源至皇城门源附近；③皇城门源至大梁；④大梁至俄博；⑤俄博经扁都口至炒面庄；⑥炒面庄经大马营至大河坝；⑦大河坝至皇城；⑧皇城至头坝堡。

勘查区地层有前寒武系皋兰系、下古生界南山系、下石炭统老君山砾岩、上石炭统俄博阶、二叠系至三叠系、侏罗系白垩系、新近系甘肃群红层、新近纪—第四纪玉门砾石层、第四纪堆积黄土。火成岩有花岗岩（海西期）、喷发岩。区内构造有：老君山砾岩与南山系不整合、祁连山各山脉高角度逆冲断层。

区内矿产有：金矿两处，即大梁砂金矿、楚麻砂金矿，其余有铜矿、铁矿、煤矿、油页岩、耐火土、硫磺，等等。

同年9月14日，回到兰州，历时近三个月。祁连山地质矿产调查队，成为我国首次横跨祁连山的地质调查队。

回来后，写成《行政院祁连山调查队报告》，共计11章。分别从缘起及组织、行纪及工作情形、地理、地质、矿产、家畜疾病及畜牧概况、牧场、草原、动物、森林、测量、引大通河灌溉河西路线测量等方面进行了调查。

地质学家王曰伦在报告中写道："祁连山亦称南山，横跨甘肃、青海两省，自古为汉、蒙、藏等族交衡混合之要地。河西农田灌溉全恃此山之水，畜牧、森林、矿产素称丰富。而吾人至今并未入山多作科学之勘查，其中地理人文以及天然富源之情形，皆不能明了。政府有鉴于此，遂决议组织祁连山调查队，由行政院指定经济、农林、教育三部及水利委员会各派专门人员参加。甘肃省政府负责组织。民国三十四年，核定经费为353万元。当由经济部派中央地质调查所参加五人，农林部派祁连山林区管理处参加一人，西北兽疫防止处参加一人，教育部派甘肃科学教育馆参加二人，甘肃省府参加三人，水利委员会派甘肃水利林牧公司参加二人，中央社参加记者一人，合组一队，分为地质矿产、畜牧、兽医、动物植物、水利、森林、测量七组。"

王曰伦、李树勋、黄劭显、陈梦熊、刘增乾为地质矿产组。王曰伦书写"报告"中的"一、缘起及组织；二、行纪及工作情形；三、地理"；黄劭显与李树勋、陈梦熊合著"四、地质"；黄劭显单独书写"五、矿产"。第五章文中记载有，①金属矿：金矿、铜矿、铁矿；②非金属矿：煤矿、油页岩、耐火土、硫磺；③可能未发现之矿床。并分别对各矿种的地理位置、地质情况及开采价值进行了论述。

祁连山地质矿产调查队，从开始的第一期调查工作中，就发现油页岩（与现在的长庆油田位置大致符合）。在王曰伦、李树勋、黄劭显、陈梦熊合著的《祁连山东段地质矿产》中就有描述："（二）油页岩　本队此次调查铁煤沟煤矿时，初次发现在煤层中夹有厚五十余公尺之油页岩层，岩性细腻，作深黑色，薄层，向火烧之即发油味，并可自燃，凡此皆可证明其为油页岩无疑，吾国素称缺油，有此油源资源，颇应注意也。"刊于《经济部中央地质调查所西北分所简报》第 35 号（现存全国地质资料馆）。

后黄劭显先生著文《甘青二省油页岩概论及新油田之推测》，发表在 1946 年《地质论评》上。该文从油页岩分布情况、地质环境，矿床的特性、成因及储量，油页岩与生油层关系之讨论，新油田之推测等几方面，进行了初步介绍。并推断六盘山以东地区可能有含油区（与现在的长庆油田位置大致符合）。

1944 年至 1948 年，黄劭显三次赴贺兰山做区域地质调查。这也是对贺兰山地区首次进行大范围的地质调查工作。在没有地形图的情况下，用步测法做出了贺兰山地段 1∶20 万地质图，成图时缩为 1∶50 万，并采集了大量标本。原本设想在完成贺兰山南段后，写一本贺兰山地质志。但此书未完稿，新中国成立后，被调做其他工作，故未成书。参与了《贺兰山地质志》的编写工作。所做的地质图交当时陈贲先生作石油普查的依据。

参加甘北煤田地质调查工作：1950 年夏，为解决西北铁路用煤问题，西北地质调查所组成甘北煤田调查队，详测甘肃景泰靖远两县煤田。7 月初，全队自兰州出发。在本区北部之黑山大营盘水一带，煤田比较规则而煤层又比较厚。野外工作于 10 月初结束。此次实际工作，为时两月余，除小芦塘一区完成了一幅比较详细之 1∶1 万地形地质图约 35 平方千米外，其余大部分是比较粗略之 1∶5 万地质路线图约两千余平方千米。本次工作区域包括景泰县境西北之红水、西南之大拉牌、东之五佛寺及阿拉善旗的黑山与大营盘水等，面积约 2058 平方千米。

1952 年 7 月，与卢振兴、巩志超写成《甘肃景泰区煤田地质报告》，现存全国地质资料馆。此报告用区域地质及岩相古地理方法分析甘北煤的分布情况。受到时任中国地质工作计划指导委员会副主任谢家荣先生的好评。

参加渭北煤田调查工作：1951 年春，中国地质工作计划指导委员会为对渭北煤田求一彻底明了，筹组渭北煤田大队，李春昱先生任大队长。本区列为渭北煤田重点详测区域，设宜君详测分队，黄劭显先生任分队长，负责渭北焦家坪地区的地质调查工作。全队工作人员于 5 月 5 日，随同渭北队全体人员离西安至铜川市五里铺（陇海路咸铜交线终点）。11 日至宜君县属之糜子要岭，旋由此地展开工作。11 月 14 日，全部外业结束，计在野外共计 6 月余。

此次详测范围，东自焦家坪起，西至耀州区所属之黄草湾，水平距离约长 10 千米；北至水海子以北之万家帽，宽约 6 千米，略成一北东东—南西西向之长方形。

写有《陕西省宜君煤田调查工作总结报告提纲》，与侯世军、赛质良合著《渭北煤田宜君焦家坪地质简报》，（现存全国地质资料馆）。

2.4 中国铀矿地质开拓者与奠基人之一，为国防建设做出重大贡献（1954～1989 年）

1964 年 10 月 16 日，中国成功地爆炸了第一颗原子弹，宣告了帝国主义核垄断、核讹诈的破灭。从此，中国走上了独立自主的发展之路。这背后是无数无名英雄的默默奉献，黄劭显就是其中的一个，他在这颗原子弹的铀料供应方面做出了重要贡献。

第二机械工业部第一任部长刘杰，在追忆中国铀矿勘查工作创始情况时第一句就写道："在我国原子能事业的发展过程中，铀矿地质勘查工作做出了重大的历史性贡献。"

1954 年冬，黄劭显调至核工业系统。专门从事铀矿资源的地质普查勘探、调查研究和科研管理工作，是中国铀矿地质事业创建人之一，开拓中国铀矿地质事业的 3 位主要科技领导人（佟城、高之杕、黄劭显）之一。

2.4.1 参加筹建中国第一支铀矿地质队——309 队，任中方技术负责人，为开创中南地区铀矿勘查事业做出了成绩

309 队是中国铀矿地质系统建立最早的一个区域性铀矿地质队。1955 年 2 月，根据中苏联合委员会的安排，黄劭显参加筹建了中国第一支铀矿地质队——309 队。时任湖南省委书记的周小舟对 309 队的组建工作给予了热情的指导和支持。同年 3 月，309 队正式成立，苏方技术人员布特维洛夫斯基任总地质师，中苏 1955 年第二次会议任命黄劭显为副总地质，为中方技术负责人，参加领导了中国中南地区的铀矿勘查工作。20 世纪 60 年代，中南 309 队在中国首先突破花岗岩型和碳硅泥岩型两种铀矿类型，从而丰富了找矿理论，扩大了找矿领域，在铀矿勘探史上具有重大意义。309 队于 20 世纪五六十年代在中南地区发现铀矿床，从此建立了我国第一批铀矿山，提交了我国首批铀工业储量。

黄劭显在科研工作中作风严谨，求真务实。有一次，就我国某地区新发现的一个铀矿床的成因问题，黄劭显对时任总地质师的原苏联专家提出了不同的看法。原苏联专家认为是热液脉状，并根据这一判断布置了勘探工作，黄劭显认为是沉积层状。该专家曾因铀矿地质方面的贡献得过斯大林奖金，根本不考虑黄劭显的意见。直到原苏联国内级别更高的专家来华检查工作时，才肯定了黄劭显的看法。在当时中苏合作背景下，处于对原苏联一面倒的情况。虽然当时黄劭显对铀矿地质刚开始接触，但并没有盲目崇拜苏联专家，放弃自己的独立思考。黄劭显求真务实、勇于挑战的精神，是难能可贵的。

2.4.2 原苏联专家撤走后，黄劭显为主要负责二机部三局系统铀矿地质工作的技术领导之一

在原苏联完全撤走专家后，中国在极端困难的条件下，依靠自己的力量，于 1964 年 10 月成功地爆炸了第一颗原子弹。在铀料供应方面，黄劭显功不可没。

黄劭显自出任二机部三局（地质局）副总工程师兼三处（地质处）处长起，负责全国铀矿布置与评价工作。在此期间做了不少铀矿地质方面的奠基工作。

他非常重视第一手资料的积累，经常跋山涉水，深入矿区第一线。他常年风餐露宿，四处奔波于全国各地各矿点，进行野外实地调查，布置、安排和指导铀矿普查勘探工作，并提出一系列指导意见，为铀矿地质事业的发展起到了积极的促进作用。他每年都到野外工作数月以上，除西藏和台湾外，全国的省都跑到了。

自调至二机部后，因保密关系，在初期更因中苏合办，所以再未公开发表报告和文章。

2.4.3 系统总结中国铀矿成矿规律

1972 年，"文化大革命"后期，黄劭显从"五七干校"调回北京恢复工作，后又被调往第二机械工业部第三局第三研究所（简称三所），任副总工程师，1979 年担任副所长（当时三所是县团级单位）。他没有计较个人的名利地位，积极深入野外科研专题班组和各个基层单位进行调查研究，全身心地投入到铀矿地质研究工作和科研领导工作中来。他身为负责铀矿地质业务技术的领导，为研究所确定研究方向，选组研究队伍，设置研究科室等贡献了智慧与力量，也为我国核工业建成学科功能比较齐全，又富有特色的铀矿研究

所立下了不可磨灭的功绩。他非常重视野外地质实地考察工作，在三所任职期间，积累了很多本工作日记的第一手资料（现存40多本）。

在三所工作期间，黄劭显主抓铀矿地质科研工作，组织和参加了铀矿地质科研规划的制定和多项课题的研究工作。多项科研成果获得国家项目成果奖。他根据多年的有关资料及现场观察，特别是在听取不同地区报告的基础上，就"战斗在第一线上的广大工人、干部和技术人员通过多年实践得出来的一些认识"进行了深入探讨和论证，撰写了多篇指导深化铀矿地质工作的论文，提出了一系列在铀矿成矿方面的新看法，系统总结了中国中新生代陆相砂岩型铀矿成矿规律。

在《东南各省开展花岗岩型铀矿床研究工作的几个问题的探讨》一文中，他提出并论证了"花岗岩体演化与区域地质"、"断裂构造与铀矿化的富集关系"、"岩体与铀矿化的关系"和"矿体控制因素"等方面的问题。断裂构造与铀矿的富集有密切的关系，这一点已经为找矿实践所一再证明。但是不同性质和不同形态的构造，对控矿所起的作用也是不相同的。他提出在岩浆演化的研究方面，除了研究岩体的分期、分相、矿物成分与化学成分，以及微量元素和重矿物的对比、继承关系外，还应重视"岩体与围岩的关系"、"岩体的蚀变与交代作用"和"晚期侵入小岩体"等方面的研究，因为这些方面可能与铀元素的富集历史有较大的关系。

在《中国中新生代陆相碎屑岩型铀矿床与地质背景的关系》一文中，他分别总结了稳定地区、强活动地区、半稳定地区（过渡地区）和稳活结合或多元叠加作用地区的地质特点与铀矿化作用。最后，在与美国西部砂岩型铀矿床区域地质条件对比之后，他提出了"今后找碎屑岩型铀矿床应首先注意第四类型，即稳活叠加型"的观点。

他本想写《中国中新生代陆相碎屑岩型铀矿床概论》一书（现存部分手稿）。但最终只有《中国中新生代陆相碎屑岩型铀矿床与地质背景的关系》一文公开发表。

据他生前手记，"我现在正从事《中国中新生代陆相碎屑岩型铀矿床概论》一书的写作工作。全书预计十余章。将从碎屑岩型，从矿床的矿物、地球化学、古气候侵蚀、古地理、成矿机理以及典型矿床实例加以全面的论述。预计全书完成后将有十余万字。现已列出了详细的提纲。并已完成了《中国中新生代陆相碎屑岩型铀矿床与区域地质背景的关系》一章。此文的主要内容是根据区域地质背景的稳定程度，对铀矿化的有利程度加以论述。对此种类型的铀远景区的预测有一定帮助。而且从地壳的稳定程度来划分碎屑岩型铀矿床，在中国还是首次，在国外也未见有这种划分方法。这篇文章的摘要曾请教过中国科学院地质研究所叶连俊先生和地科院宋叔和先生。他们都认为这种划分在原理上是能成立的。"

20世纪80年代末至90年代初，中国科学院学部委员（院士）、中国地质学会矿床地质专业委员会主任宋叔和作为主编，编撰了具有总结性的经典巨著《中国矿床》一书，于1996年获得国家科学技术进步奖二等奖。黄劭显作为中国铀矿地质的学科带头人，为其"第五章——中国铀矿床"的主编，主要从"铀的赋存状态、铀矿床地质研究简况及中国铀矿床分类"、"中国铀矿床类型基本特征及矿床实例"和"中国铀矿床的基本成矿规律"三大部分对中国铀矿床进行了系统的分析和总结。

另外，现存部分黄劭显未发表文章手稿，共16篇，约14.32万字。

这些研究成果对于我国发展铀矿成矿规律，指导铀矿勘查工作具有积极意义，并且提高了铀矿地质队伍的水平，推动了中国铀矿地质事业的发展。

黄劭显在核工业第三研究所工作期间，主抓铀矿地质科研工作，组织和参与了铀矿地质科研规划的制定和多项课题研究工作。身为负责铀矿地质的主要技术领导，为研究所确定研究方向、选组研究队伍、设置研究科室等贡献了智慧与力量，也为我国核工业建成学科功能比较齐全，又富有特色的研究所立下了不可磨灭的功劳。期间该所多项科研成果获国家级奖项。

中美邦交正常化后，1981年黄劭显又与陈肇博先生（曾任核工业部副部长），赴美国参加了国际铀矿地质研讨会，并对美国西部铀矿床进行了全面的参观与考察。回国后写有数十页手稿，遗憾的是未能如愿在有生之年公开发表。

2.4.4 为地质事业及铀矿地质专业培养人才

黄劭显不仅为中国铀矿地质事业做出了杰出贡献，还在培养地质人才，特别是铀矿地质人才方面做了大量的工作。早在20世纪40年代，在西南、西北做地质工作期间，于1941~1943年在云南大学矿物、岩石专业教学，任助教，一起工作的还有李希勣先生。在前中央地质调查所西北分所工作期间，于1946~1949年在兰州大学普通地质、构造地质专业教学，兼任副教授，一起工作的还有刘乃隆先生。

1982年1月，经批准，核工业北京第三研究所首次招收硕士研究生，黄劭显成为该所首位铀矿地质研究生导师。他还参加创办了《放射性地质》（现名为《铀矿地质》）、《国外铀矿地质》（1987年8月改名为《国外铀金地质》）等刊物，并任总编、顾问等职务。这是铀矿地质首份对外公开发表的学术期刊，使得原来不被外界了解的铀矿地质走进了公众视野，为从事铀矿地质的科技工作者创造了发表学术论文和交流的平台，使科技工作者的学术成果及经验得以交流和记录，为铀矿地质事业服务。

3 结语

黄劭显先生自1934年7月，考入北京大学地质学系，1940年毕业于西南联大地质地理气象学系，至1989年辞世，献身中国地质事业近50年。他75年生涯中，在铀矿地质领域从事地质找矿和研究指导工作长达35年，为中国铀矿地质事业呕心沥血半辈人生，为中国地质事业奉献一生。

他长期患有高血压，但仍坚持工作，经常跋山涉水，深入生产第一线，奔赴各省区进行野外实地调查，布置、安排、指导铀矿普查勘探工作，并提出一系列指导建议，为铀矿地质工作的开展起到了很大的促进作用。多年来，他以国家和民族利益为重，不怕困难、不怕牺牲，与同事们一起，找到了一大批铀矿床。但是，由于工作的特殊性，长期不能公开发表文章，核地质工作不为外人所知。但他无怨无悔，默默地奉献着。

他为中国地质事业，尤其为中国铀矿地质事业做出了多方面的贡献。特别是1964年10月16日中国成功地爆炸了第一颗原子弹，在原子弹的铀料供应方面做出了重要贡献。

他严于律己，宽厚待人，为人谦和，光明磊落。在科研工作中作风严谨，求真务实，不唯上。他始终保持着清正廉洁、淡泊名利、艰苦奋斗、无私奉献的精神。

黄劭显先生是中国铀矿地质事业的开拓者与奠基者之一，为中国铀矿普查与勘探做出了重要贡献。是中国铀矿地质首位院士，也是迄今为止唯一的铀矿地质院士。

这就是黄劭显先生。他和许多老一辈地质学家一样，只是充当一块奠基石。"科学报国，实业兴邦"的信念，支持着他勤勤恳恳、默默无闻地工作着。

"先人已去，后人奋进，唯有如此。"

参 考 文 献

核工业北京地质研究院编 . 2014. 黄劭显院士与中国铀矿地质 ［M］. 北京：科学出版社

黄济显 . 2009. 即墨黄氏述略 ［内部资料］. 山东省即墨市政协教科文体卫与文史委员会 . 32～56，7～143，186～404

黄祖英 . 2013. 20 世纪中国知名科学家学术成就概览：地学卷地质分册（一）［M］. 北京：科学出版社

黄祖英，堵海燕，张磊 . 2014. 中国科学技术专家传略：理学篇（地学卷）［M］. 北京：中国科学技术出版社

刘强 . 2015. 百年地学路，几代开山人 ［M］. 北京：科学出版社